U0173180

高等职业教育园林园艺类专业系列教材

SketchUp 辅助园林设计

主　编　张卫军　李小梅

副主编　史梅容　王　燚　董素梅

参　编　李　伟　李文苑　赵　犁

机　械　工　业　出　版　社

SketchUp 辅助园林设计是高等职业教育风景园林设计、园林工程技术以及园林技术等园林类专业的必修课。本书主要介绍了使用 SketchUp 绘制平面图形、创作三维模型、赋予材质、导出图片与动画等内容。

本书分为 4 章。第 1 章 SketchUp 概述，主要介绍了 SketchUp 的界面特色和功能作用；第 2 章基本操作，介绍了视图控制、选择与擦除、风格、绘图、编辑、建筑施工、漫游等基本工具的使用；第 3 章进阶操作，结合实战案例讲解群组、组件、图层、场景与动画、截面、阴影、实体、材质与贴图、沙箱等进阶工具的使用；第 4 章综合案例实战，以不同类型的园林实战项目作为切入点，由 AutoCAD 平面图导入 SketchUp 开始，至导出最终效果图结束，介绍 SketchUp 园林效果图制作的全过程。

本书既可以作为高等职业教育园林类专业学生的教学用书，也可以作为应用型本科院校的教学用书，还可以作为园林行业设计人员或相关建筑、规划、室内等行业从业人员的参考用书。

图书在版编目（CIP）数据

SketchUp 辅助园林设计 / 张卫军，李小梅主编 . —北京：机械工业出版社，2020.6（2022.6 重印）

高等职业教育园林园艺类专业系列教材

ISBN 978-7-111-65390-5

Ⅰ . ①S… Ⅱ . ①张… ②李… Ⅲ . ①园林设计—计算机辅助设计—应用软件—高等职业教育—教材 Ⅳ . ① TU986.2-39

中国版本图书馆 CIP 数据核字（2020）第 064337 号

机械工业出版社（北京市百万庄大街 22 号 邮政编码 100037）

策划编辑：王靖辉 责任编辑：王靖辉 臧程程

责任校对：史静怡 封面设计：马精明

责任印制：单爱军

北京虎彩文化传播有限公司印刷

2022 年 6 月第 1 版第 3 次印刷

184mm × 260mm · 7.25 印张 · 206 千字

标准书号：ISBN 978-7-111-65390-5

定价：39.90 元

电话服务

客服电话：010-88361066

010-88379833

010-68326294

网络服务

机 工 官 网：www.cmpbook.com

机 工 官 博：weibo.com/cmp1952

金 书 网：www.golden-book.com

机工教育服务网：www.cmpedu.com

SketchUp 是一套直接面向设计方案创作过程的设计工具，操作简单、易学易用，其创作过程不仅能够充分表达设计师的思想，而且可以完全满足与客户即时交流的需要。它使得设计师可以直接在计算机上进行直观的构思，是三维方案创作的高效工具，也是园林景观设计行业最常用的计算机辅助设计软件之一。

本书从高职园林类相关专业学生实际应用角度出发，针对学习过程中经常遇到的问题，以案例实战为突破点，由浅入深系统地介绍 SketchUp 2018 的操作流程。

本书的特点如下：

1）内容循序渐进。本书采用“基础操作讲解 + 实际案例操作”的形式，内容从基本操作到进阶操作再到综合案例，循序渐进、图文并茂地介绍 SketchUp 2018 的操作流程。

2）针对性强。本书内容的选择和编排，参照高等职业教育园林类相关专业的学生在实际学习过程中经常遇到的问题来进行，具有很强的针对性。

3）实用性强。本书注重实用效果，通过实际案例操作，系统、全面地介绍了 SketchUp 2018 的具体操作方法。

本书提供所有实战的 Skp 模型文件、AutoCAD 文件以及相关贴图素材等，凡使用本书作为教材的教师可登录机工教育服务网（www.cmpedu.com）下载。

本书由广东建设职业技术学院张卫军、黄冈职业技术学院李小梅担任主编，具体编写分工如下：第 1 章由张卫军、李小梅编写；第 2 章由李小梅、山西林业职业技术学院王燚、黄冈职业技术学院李伟编写；第 3 章由张卫军、南宁职业技术学院史梅容、山西林业职业技术学院李文苑编写；第 4 章由张卫军、广东建设职业技术学院董素梅、广东建设职业技术学院赵犁编写。

由于编者水平有限，书中不足之处在所难免，恳请读者批评指正。

编者

目录 CONTENTS

第1章

SketchUp 概述

1.1 SketchUp 2018 简介

SketchUp 简称 SU，又称为“草图大师”，是一套直接面向设计方案创作过程的设计工具，其创作过程不仅能够充分表达设计师的思想，而且可以完全满足与客户即时交流的需要，它使得设计师可以直接在计算机上进行直观的构思，是三维方案创作的优秀工具，被喻为计算机设计中的“铅笔”。

SketchUp 最初由 @Last Software 公司开发发布，2006 年被 Google 公司收购，并陆续发布了多个版本，本书使用的是 SketchUp 2018，其主要特点如下：

1）界面简洁、易学易用。SketchUp 2018 操作界面简单直观，上手容易，初学者经过一段时间的学习即可熟练操作，如图 1–1 所示。

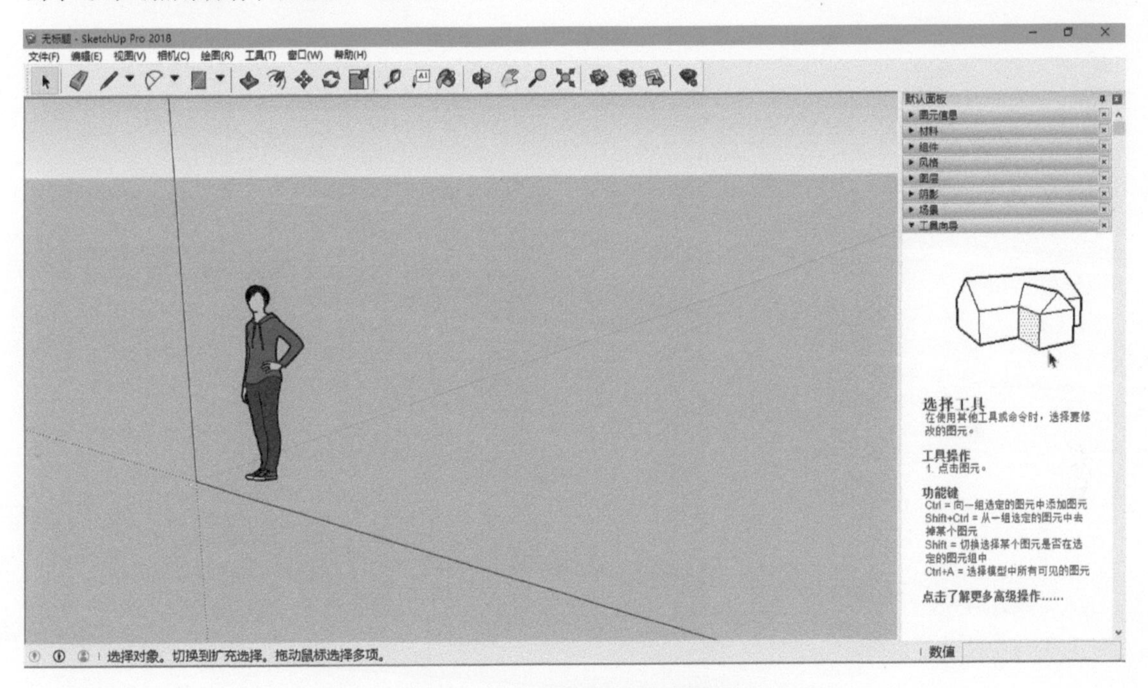

图 1–1　SketchUp 2018 操作界面

2）适用范围广，可以应用在园林、建筑、室内、规划等多个领域。

3）可快速生成任何位置的剖面图（图 1–2），使设计者清楚地了解物体的内部结构，生成的二维剖面图可快速导入 AutoCAD 进行处理。

4）与 AutoCAD、3ds Max、PhotoShop、Lumion、VRay 等软件兼容性良好，可快速导入 3ds、dwg、psd、jpg、png、bmp 等格式文件（图 1–3），与各软件之间转换互通，以满足不同设计领域的需求。

5）光影定位准确，设计师可根据场景所在地区和时间，实时进行光影分析，如图 1–4 所示。

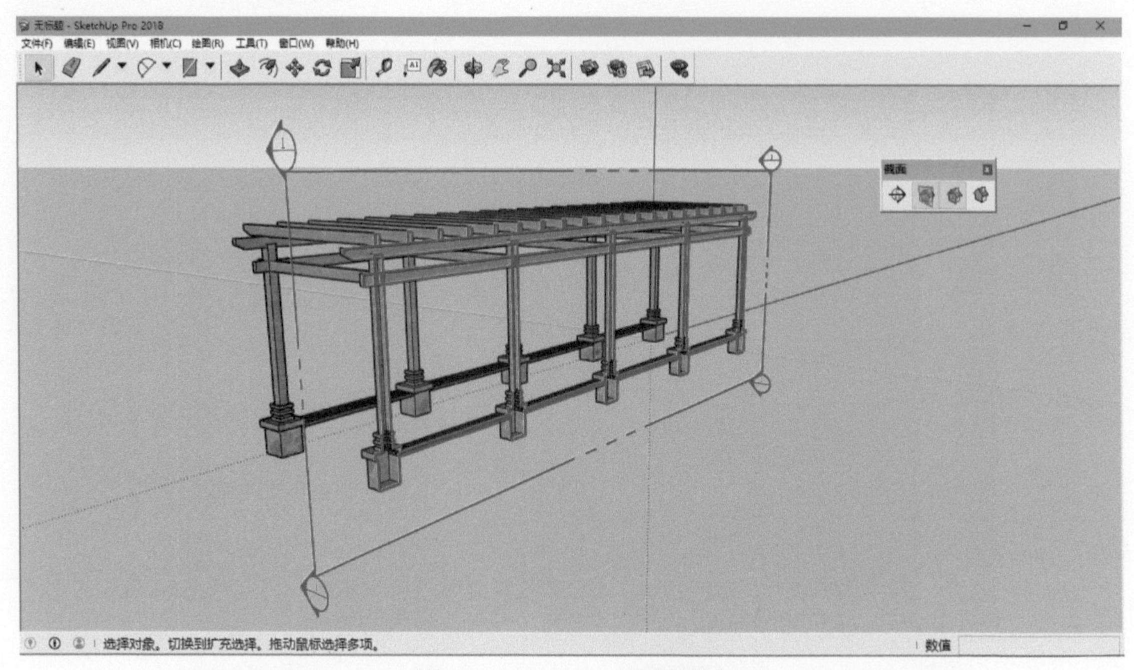

图 1-2　SketchUp 2018 剖面图

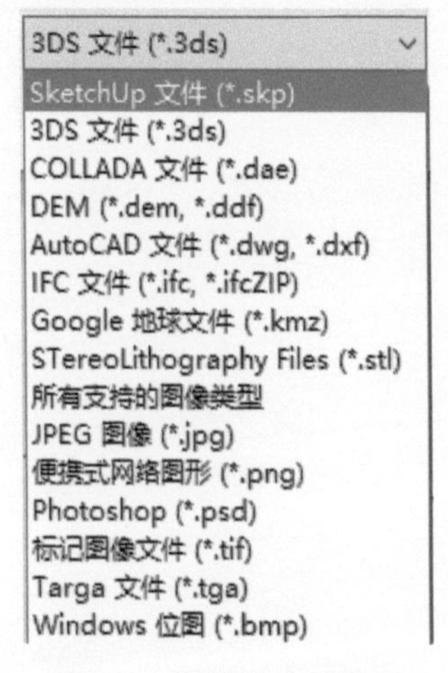

图 1-3　可导入文件类型

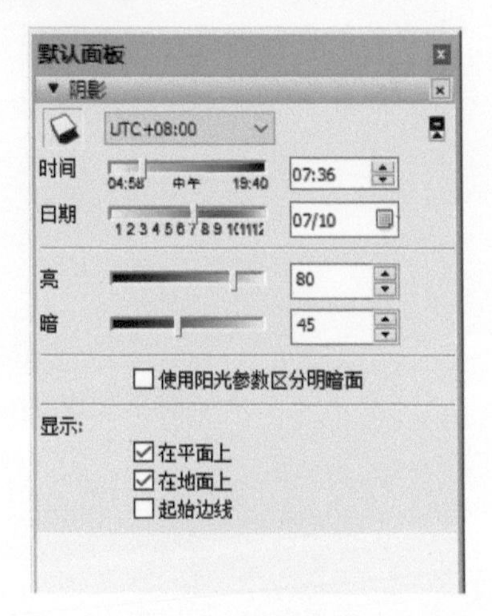

图 1-4　光影分析

6）显示风格多种多样，具有材质贴图（图 1-5）、消隐（图 1-6）、线框（图 1-7）、单色（图 1-8）等多种显示风格。

图 1-5　材质贴图显示风格

图 1-6　消隐显示风格

图 1-7　线框显示风格

图 1-8　单色显示风格

1.2　SketchUp 2018 工作界面

启动软件，首先出现的是 SketchUp 2018 欢迎界面，如图 1-9 所示。在向导界面中单击“模板”左侧的“▶”按钮，在模板列表中单击“建筑设计 - 毫米”模板，然后单击“开始使用 SketchUp”按钮。

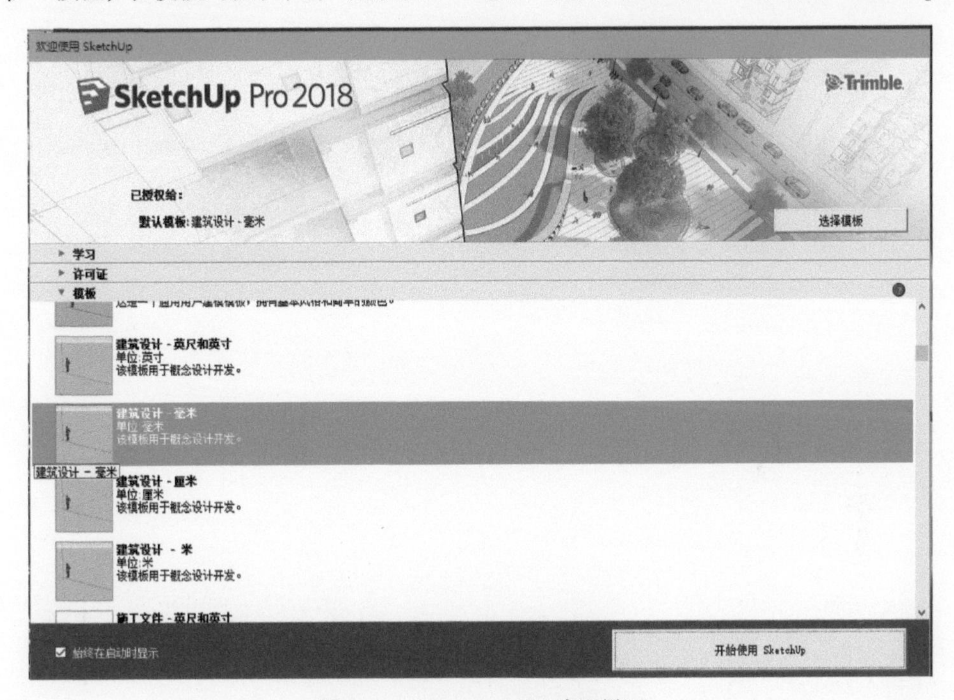

图 1-9　SketchUp 2018 欢迎界面

进入 SketchUp 2018 的初始工作界面，如图 1-10 所示。初始工作界面主要由标题栏、菜单栏、工具栏、绘图区、状态栏、数值控制框和默认面板等构成。

（1）标题栏

标题栏位于界面的最顶部，最左端是 SketchUp 的标志，往右依次是当前编辑的文件名称（如果文件还没有保存命名，这里则显示为“无标题”）、软件版本和窗口控制按钮。

（2）菜单栏

菜单栏位于标题栏下面，包含“文件”“编辑”“视图”“相机”“绘图”“工具”“窗口”“帮助”8 个主菜单，单击各个主菜单名称，则会弹出相应的级联菜单，各个菜单下又含有多个命令，如图 1-11 所示。

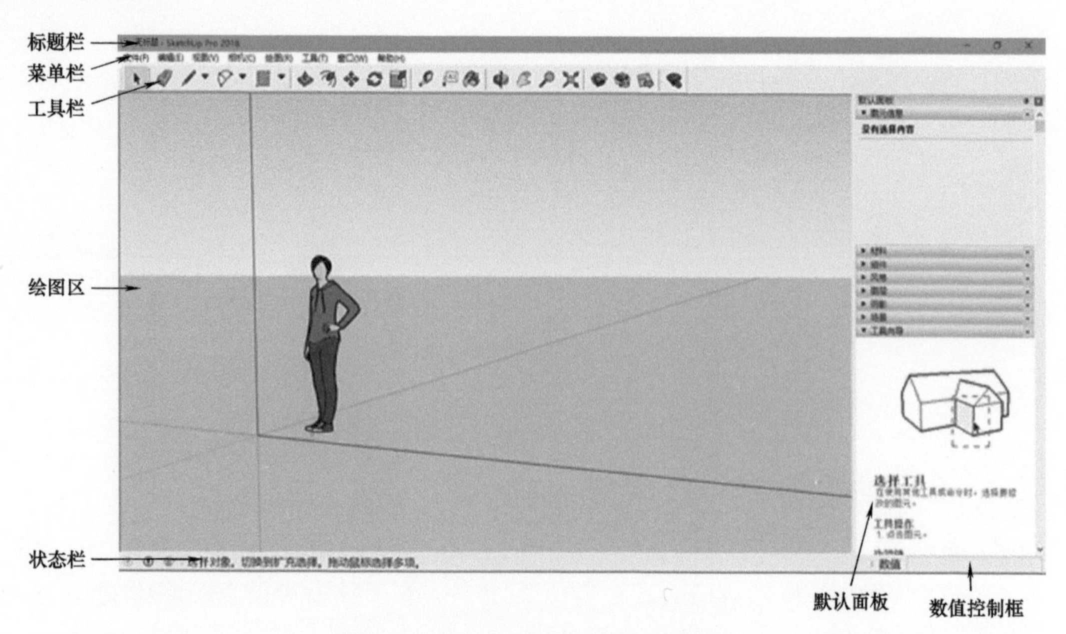

图 1-10　SketchUp 2018 初始工作界面

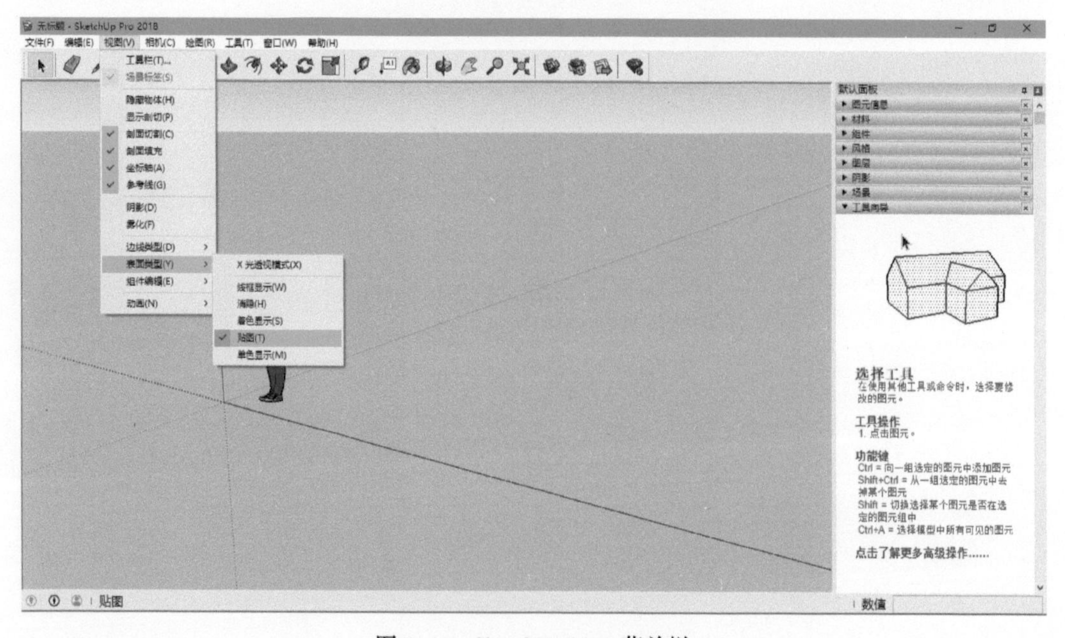

图 1-11　SketchUp 2018 菜单栏

（3）工具栏

默认的 SketchUp 2018 界面只有“使用入门”工具栏，执行“视图”→“工具栏”菜单命令（图 1-12），弹出“工具栏”对话框（图 1-13），在对话框中可选择显示或关闭某个工具栏，勾选的工具栏则在界面中显示，没有勾选的工具栏不显示。初学者常勾选的工具栏有“标准”“大工具集”“阴影”等。

（4）绘图区

绘图区又称为绘图窗口，占据了界面中最大的区域，在这里可以创建和编辑模型，也可以对视图进行调整。在绘图窗口中可以看到绘图坐标轴，X 轴、Y 轴、Z 轴分别用红、绿、蓝 3 色显示。

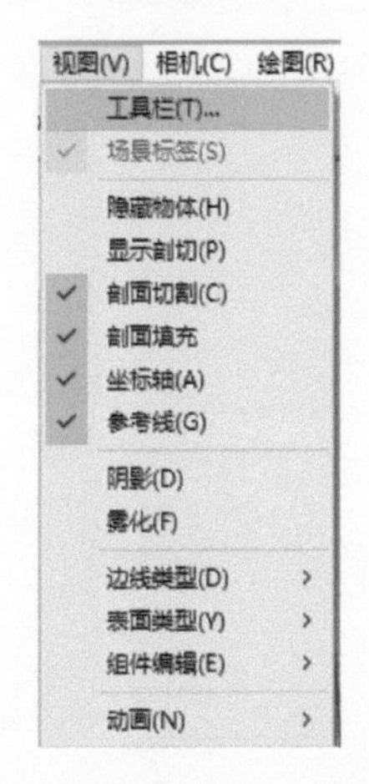

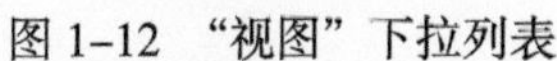
图 1-12 “视图”下拉列表

图 1-13 “工具栏”对话框

（5）状态栏

状态栏位于界面的左下方，用于显示命令提示和状态信息，是对命令的描述和操作提示，这些信息会随着对象的改变而改变。

（6）数值控制框

数值控制框位于界面的右下方，这里会显示绘图过程中的尺寸信息，也可以接收键盘输入的数值。数值控制框支持所有的绘制工具，用户可以在命令完成之前输入数值，也可以在命令完成后没有开始新的操作之前输入数值，输入数值后，按 <Enter> 键确定。

（7）默认面板

默认面板为操作过程中的补充菜单信息，单击菜单栏中“窗口”→“默认面板”中的相应选项（图 1-14），可显示或隐藏默认面板以及面板上的选项内容。

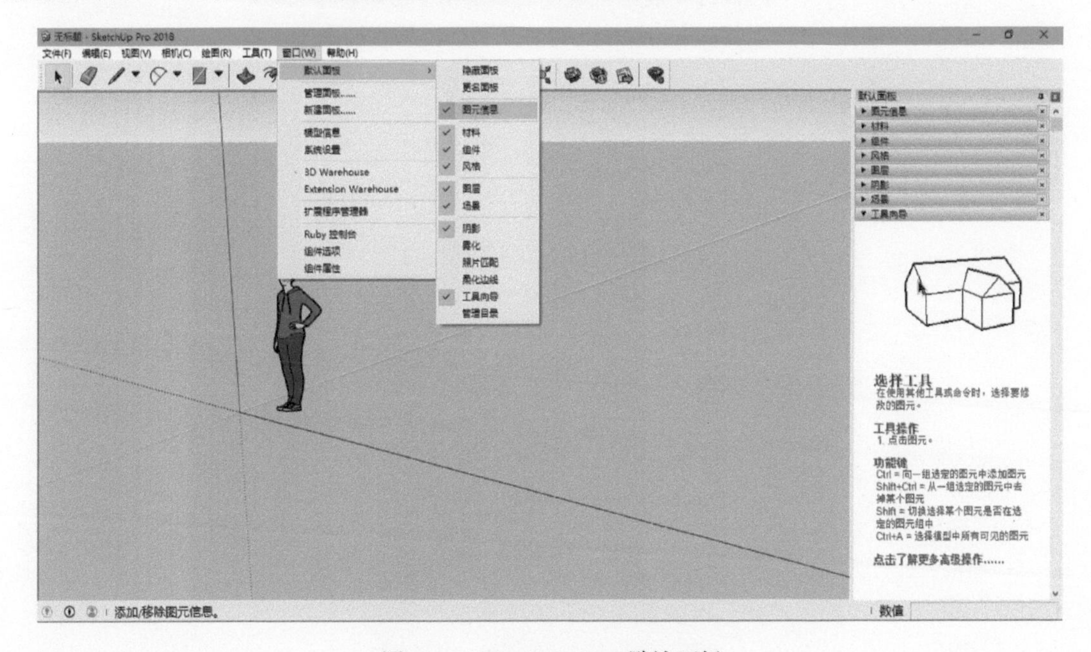

图 1-14 SketchUp 2018 默认面板

第2章

基本操作

2.1 视图控制

在使用 SketchUp 绘图的过程中，经常需要通过视图的切换、旋转、平移、缩放等操作以确定模型的绘制位置或当前模型的细节。

2.1.1 切换视图

在 SketchUp 中切换视图主要是通过“视图”工具栏中的 6 个视图按钮进行快速切换，执行“视图”→“工具栏”菜单命令，在弹出的面板中选择“视图”复选框，即可调出“视图”工具栏，如图 2–1 所示。

图 2–1 “视图”工具栏

单击其中的某个按钮就可以切换到相应的视图，依次为等轴视图（图 2–2）、俯视图（图 2–3）、前视图（图 2–4）、右视图（图 2–5）、后视图（图 2–6）、左视图（图 2–7）。

图 2–2 等轴视图

图 2–3 俯视图

图 2–4 前视图

图 2-5　右视图

图 2-6　后视图

图 2-7　左视图

在进行视图操作时，难免会出现操作错误，这时使用菜单栏中“相机”中的“上一个”或“下一个”就可以实现视图的撤销与返回。

由于计算机屏幕观察模型的局限性，为了达到三维精确作图的目的，必须转换到最精确的视图窗口操作，设计师往往会根据需要及时调整视窗到最佳状态，这时对模型的操作才最准确。

2.1.2　旋转视图

在建模过程中，随时旋转视图，可以方便我们从各个角度观察模型。旋转视图有两种方法：一种是直接单击工具栏中的“环绕观察”按钮，直接旋转屏幕以找到观测的角度；另一种是按住鼠标中键不放，在屏幕上转动视图以达到观测的角度。

2.1.3　平移视图

在建模过程中，随时平移视图，可以方便我们观察当前未显示在视窗内的模型。平移视图有两种方法：一种是直接单击工具栏中的“平移”按钮，可以保持当前视图内模型显示大小比例不变，整体拖动视图向任意方向移动；另一种是同时按住 <Shift> 键和鼠标中键进行平移。

2.2　选择与擦除

使用 SketchUp 软件建模时，一般都是先创建简单的模型，再对模型进行细化和深入。因此，快速、准确地选择或删除目标对象，可以极大地提高工作效率。

“选择”工具的图标为，用于线、面、体的选择。它的快捷键为空格键，在绘图时养成完成其他命令后按下空格键切换到“选择”工具的习惯，这样就会自动进入选择状态，方便操作。

线被选中后是蓝色高亮状态；面被选中后是蓝色点布满面的状态；线面一起被选中时都为蓝色状态。SketchUp 常用的选择方式有“点选”和“框选”两种。

2.2.1 点选

点选即使用鼠标在对象上单击鼠标左键。

单击一次：使用鼠标在对象上单击鼠标左键一次，则选中一条线或一个面。

双击一次：在一个面上，连续快速双击鼠标左键，将同时选中面和围合面的线；在一条线上双击鼠标，可选中线和相邻的面。

连续单击三次：在物体的一个面或一条边上，连续快速三击鼠标左键，将同时选中与之相邻的物体所有的面和所有的线。

2.2.2 框选

单击鼠标左键，从左往右拖拽鼠标，会出现一个实线的矩形框。只有完全包含在矩形选框内的线、面、几何物体才能被选中。

单击鼠标左键，从右往左拖拽鼠标，会出现一个虚线的矩形框。只要被矩形选框框住或接触到的物体都能被选中。

使用“选择”工具配合键盘上相应的按键也可以进行不同的选择。按住〈Ctrl〉键可以进行加选，按住〈Shift〉键可以交替选择物体的加减，按住〈Ctrl〉键和〈Shift〉键可以进行减选。如果要选择所有可见物体，除了执行“编辑”→“全选”菜单命令外，还可以使用〈Ctrl+A〉组合键。

2.2.3 取消选择

如果要取消当前的所有选择，可以在绘图窗口的任意空白区域单击，也可以执行“编辑”→“取消选择”菜单命令。

2.2.4 擦除

单击“擦除”工具后，单击想要擦除的几何体，就可以将其擦除。如果偶尔选中了不想擦除的几何体，可以在擦除前按〈Esc〉键取消这次擦除操作。

“擦除”工具通过擦除线，就能破坏面和体的构成。“擦除”工具的快捷键为〈E〉。在擦除中，如果按住〈Ctrl〉键，则柔滑边界线；如果按住〈Shift〉键，则隐藏边界线；如果按住〈Ctrl+Shift〉键，则取消柔滑边界线。

如果要擦除大量的物体，方便的做法是先用“选择”工具进行选择，然后按〈Delete〉键擦除。

2.3 风格工具

设计方案时，设计师为了让客户能够更好地了解方案，理解设计意图，往往会从各个角度、用各种方法来表达设计成果。SketchUp 作为直接面向设计的软件，提供了大量的显示风格，以便于选择表现手法，满足设计方案的表达。

2.3.1 七种显示风格

在绘图过程中，根据需要可以选择不同的显示风格。在菜单“视图”→“工具栏”中勾选“风格”，如图 2–8 所示。

图 2–8 勾选“风格”

工具栏中出现 SketchUp 的 7 种显示风格：X 光透视模式、后边线、线框显示、消隐、阴影、材质贴图、单色显示，如图 2–9 所示。

图 2–9 “风格”工具栏

（1）X 光透视模式

该风格的功能是可以将场景中所有物体都透明化，就像用 X 射线扫描得一样，如图 2–10 所示。在此风格下，可以透过材质表面看到模型内部的构造。

（2）后边线

该风格的功能是在当前显示效果的基础上以虚线的形式显示模型背面无法观察到的线条，如图 2–11 所示。在当前为“X 光透视”和“线框显示”风格时，该风格无法应用。

（3）线框显示

该风格是将场景中的所有模型以线框的方式显示，如图 2–12 所示。在这种风格下，所有模型的材质、贴图和面都是隐藏的，但使用此风格时，软件占用计算机内存较小，显示效果非常迅速，可以提高计算机反应速度。

（4）消隐

该风格会隐藏模型中所有背面的边和平面的颜色，仅显示可见的模型面，此时大部分的材质与贴图会暂时失效，仅在视图中体现实体与透明的材质区别，如图 2–13 所示。

图 2–10　X 光透视模式

图 2–11　后边线

图 2–12　线框显示

图 2–13　消隐

（5）阴影

该风格是显示带纯色表面的模型。在可见模型面的基础上，根据场景已经赋予过的材质，自动在模型表面生成相近的色彩，如图 2–14 所示。在该模式下，实体与透明的材质区别也有体现，因此模型的空间感比较强烈。

（6）材质贴图

该风格是 SketchUp 中最全面的显示风格，材质的颜色、纹理及透明度都将得到体现，如图 2–15 所示。材质贴图风格会占用大量系统资源，因此该风格通常用于观察材质以及模型整体效果。在进行建立模式、旋转、平移等操作时，尽量使用其他风格，以避免卡屏、迟滞等现象。此外如果模型没有赋任何材质，该风格将无法使用。

图 2–14 阴影

图 2–15 材质贴图

（7）单色显示

该风格在建模过程中经常使用到。它显示只带正面和背面颜色的模型，以纯色显示场景中的可见模型面，以黑色显示模型的轮廓线，具有较强的空间立体感，如图 2–16 所示。

图 2–16 单色显示

2.3.2 设置风格样式

SketchUp 提供了多种风格样式，通过“风格”编辑器可以进行设置，执行“窗口”→“默认面板”→“风格”菜单命令可以打开“风格”编辑器，如图 2-17 所示。

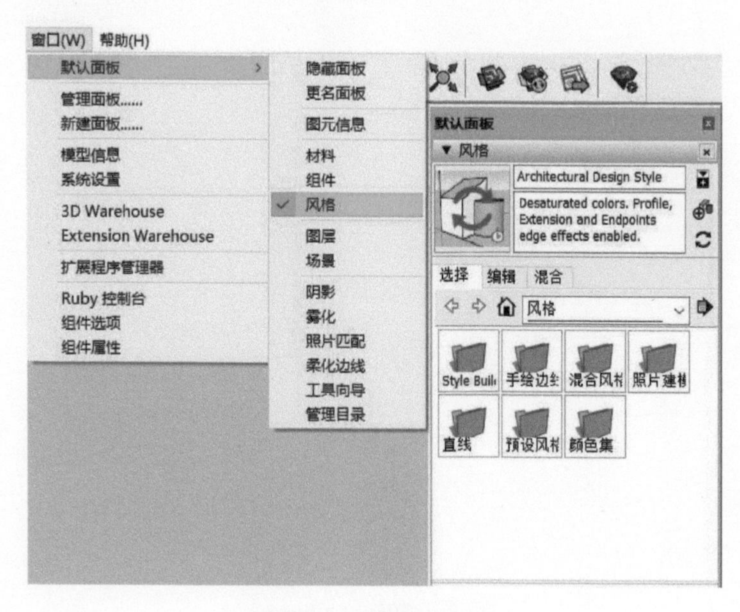

图 2-17 “风格”编辑器

（1）选择风格样式

SketchUp 自带了 7 种风格样式，分别是“Style Builder 竞赛获奖者”“手绘边线”“混合风格”“照片建模”“直线”“预设风格”“颜色集”，大家可以通过单击缩略图将其应用于场景中。

（2）编辑风格样式

1）边线设置。在“风格”编辑器中单击“编辑”选项卡，就可以看到 5 个不同的设置面板，其中最左侧的是“边线设置”面板。该面板中的选项用于控制几何体边线的显示、隐藏、粗细以及颜色等，如图 2-18 所示。

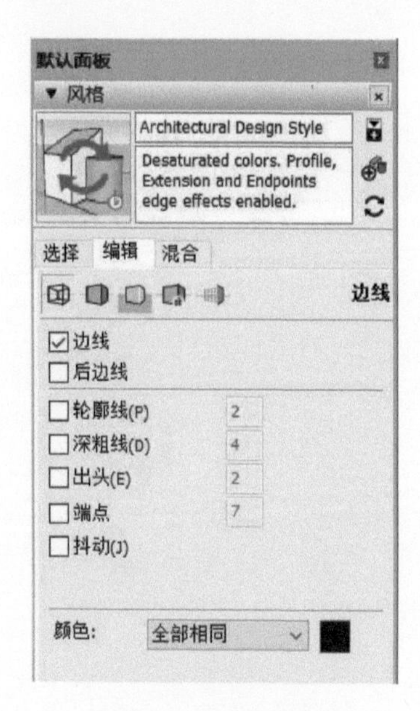

图 2-18 边线设置

2）平面设置。在“平面设置”面板中可以修改正面颜色和背面颜色，同时包含了 6 种样式，分别是“以线框模式显示”“以隐藏线模式显示”“以阴影模式显示”“使用纹理显示阴影”“使用相同的选项显示有着色显示的内容”和“X 射线”，如图 2-19 所示。

3）背景设置。在“背景设置”面板中可以修改场景的背景色，也可以在背景中展示一个模拟大气效果的天空和地面，并显示地平线，如图 2-20 所示。

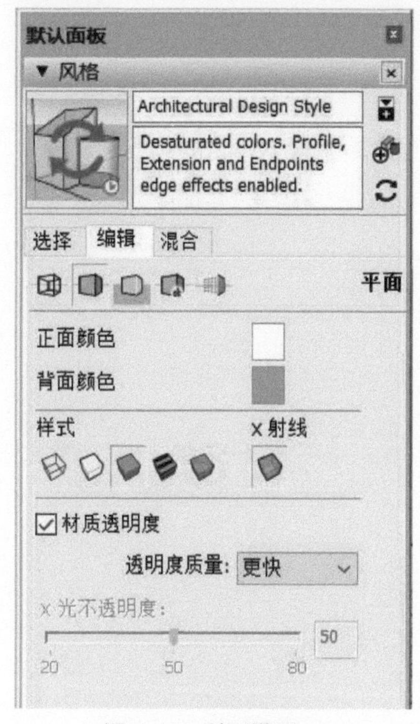

图 2-19 平面设置

图 2-20 背景设置

4）水印设置。水印特性可以在模型周围放置 2D 图像，用来创造背景，或者在带纹理的表面上模拟绘画效果。放在前景里的图像可以为模型添加标签，如图 2-21 所示。

图 2-21 水印设置

5）建模设置。在“建模设置”面板中可以修改模型中的各种属性，例如选定物体的颜色、已锁定物体的颜色等，如图 2–22 所示。

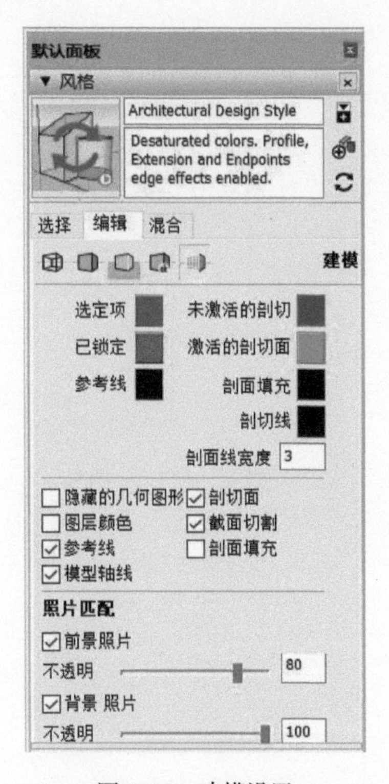

图 2–22　建模设置

2.4 绘图工具

SketchUp 绘图工具包括直线、手绘线、两点圆弧、3 点画弧、扇形、矩形、旋转长方形、圆、多边形工具。执行“视图”→“工具栏”菜单命令，在弹出的面板中选择“绘图”复选框，可调出绘图工具组，如图 2–23 所示。

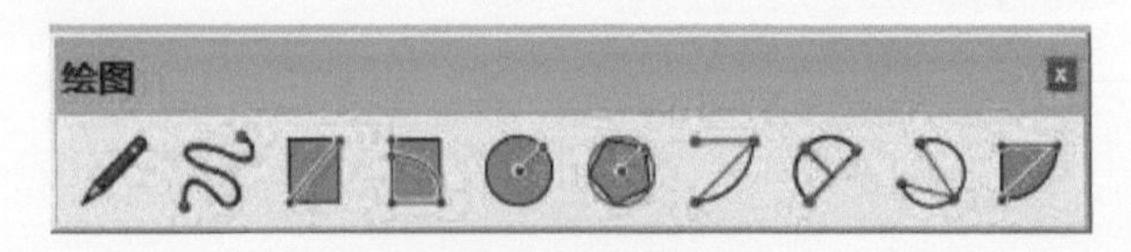

图 2–23　绘图工具组

绘图工具的选择方式有三种，最常用的两种方式是使用快捷键和直接在工具栏中选择，另外还可以在菜单“绘图”工具中进行选择。其中使用快捷键选择工具的方法是效率最高的方式，适合在实际建模时使用。

2.4.1　直线

直线工具可以用来画直线、多段连接线和闭合的形体，也可以用来分割表面或补齐被删除的表面，可以直接输入尺寸和坐标点，并有自动捕捉功能和自动追踪功能。

捕捉是指在定位点时自动定位到特殊点的绘图模式。SketchUp 自动开启 3 类捕捉功能，即端点捕捉、中点捕捉和交点捕捉。

（1）绘制一条直线

鼠标左键单击“直线”工具，在场景中单击确定直线的起点，并向画线方向移动鼠标，此时在数值控制框中会动态显示线段的长度。我们可以在确定线段终点之前或画好线后，输入一个精确的线段长度，也可以单击线段起点后移动鼠标，在线段终点处再次单击，完成绘制一条直线。

如需要绘制一个长度为 5000 的线段，在视图中单击鼠标左键确定线段的开始位置后，在“数值输入区”中输入“5000”，按〈Enter〉键，即可完成长度为 5000 的线段的绘制。用“线条”工具绘制完一条线段后，将会从当前线段的终点连接出延长线来，继续绘制下一条线段，如果不需要绘制下一条线段，按〈Esc〉键即可退出当前线段的绘制。

（2）分割线段

如果在一条线段上拾取一点作为起点绘制直线，那么这条新绘制的直线会自动将原来的线段从交点处断开。再次选择原来的线段时，该线段被分为两段。如果将新绘制的线段删除，则原线段又恢复成一条完整的线段，如图 2–24 所示。

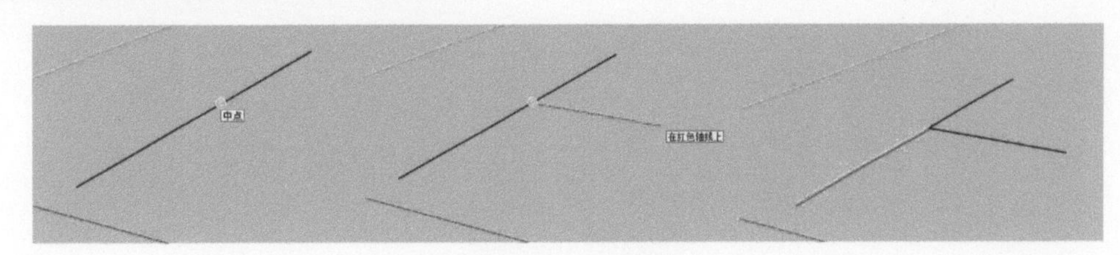

图 2–24　分割线段

（3）创建面

在同一个平面上，三条以上的线段首尾相连，即可创建一个面。在闭合一个表面时，可以看到“端点”的提示，如图 2–25 所示。创建完一个表面后，直线工具仍处于激活状态，此时可以继续绘制别的线段，如图 2–26 所示。

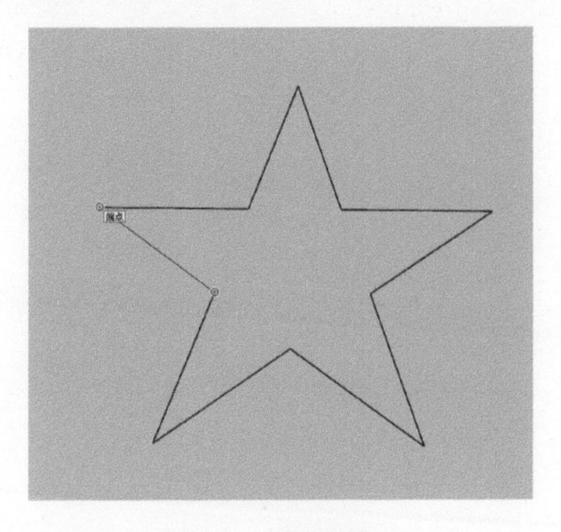

图 2–25　端点提示

图 2–26　创建面

（4）分割面

在 SketchUp 中，可以通过绘制一条起点和端点都在平面边线上的直线来分割该平面，在已有平面的一条边上选择一个点单击鼠标左键作为直线的起点，再向另一条边上拖动鼠标，选择终点，单击鼠标完成直线的绘制，可以看到已有平面变成两个。

（5）绘制平行于 X、Y、Z 轴的直线

在实际操作中，绘制正交直线，即与 X、Y、Z 轴平行的直线更有意义。因为不管是园林景观设计还是室内设计，根据图纸的要求，建筑轮廓线、门窗线等基本上都是相互垂直的。

激活“直线”工具，在绘图区选择一点，单击确认直线的起始点。移动光标对齐 Z 轴，当与 Z 轴平行时，光标旁边会出现“在蓝色轴线上”的提示字样，如图 2–27 所示；当与 X 轴平行时，光标旁边会出现“在红色轴线上”的提示字样，如图 2–28 所示；当与 Y 轴平行时，光标旁边会出现“在绿色轴线上”的提示字样，如图 2–29 所示。

（6）拆分线段

线段可以等分为若干段。激活该线段，在线段上单击鼠标右键，然后在弹出的菜单中执行“拆分”命令，接着移动鼠标，系统将自动参考不同等分段数的等分点（也可以在数值输入框中直接输入需要等分的段数），完成等分后，单击线段查看，可以看到线段被等分成几个小段，如图 2–30 所示。

图 2–27　平行于 Z 轴的直线

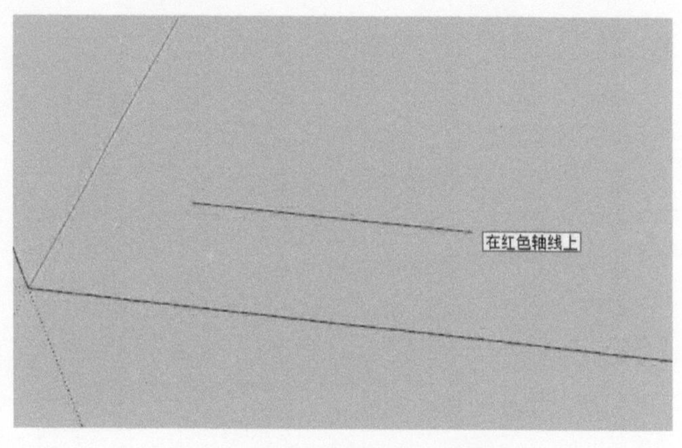

图 2–28　平行于 X 轴的直线

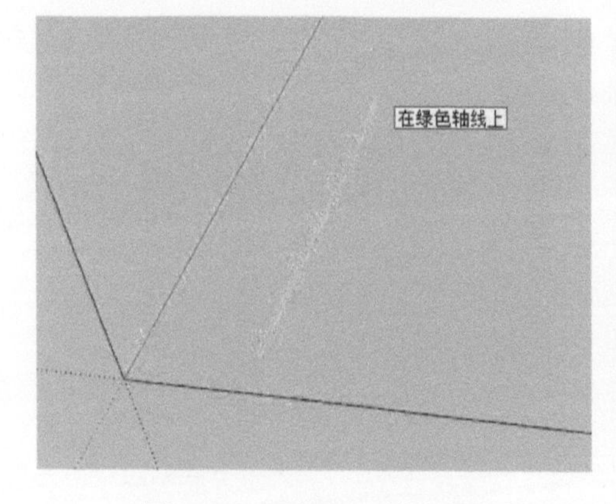

图 2–29　平行于 Y 轴的直线

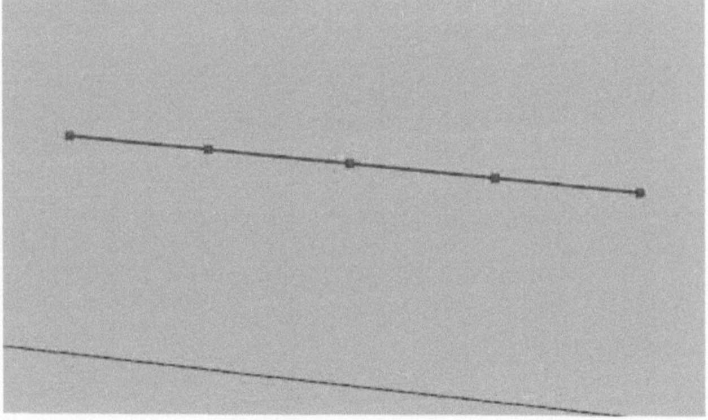

图 2–30　拆分线段

2.4.2　手绘线

手绘线工具可以绘制不规则的、共面的连续线段或简单的徒手物体，常常用于绘制等高线、水面和植物等，如图 2–31 所示。绘制时需要单击鼠标左键不放，进行拖动，即生成自由线条。如果首尾连接闭合，则可以生成面。

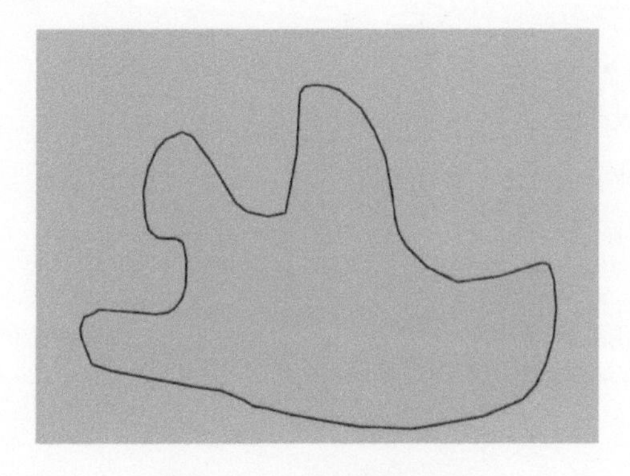

图 2–31　手绘线的应用

2.4.3 圆弧

圆弧和圆一样，都是由多个线段组成的。激活圆弧工具后，默认边数是 12，也可以在数值控制栏中输入想要的边数，按 <Enter> 键确定后，再开始绘制圆弧。

在 SketchUp 中有四种绘制圆弧的方法，分别是：从中心和两点绘制圆弧，从起点、终点和凸起部分绘制圆弧，圆周上 3 点绘制圆弧，圆心画扇形。

（1）从中心和两点绘制圆弧

在绘制圆弧时，需要先确定圆心的位置，再指定半径大小和第一端点（起点）位置，最后确定第二端点位置，如图 2–32 所示。

（2）从起点、终点和凸起部分绘制圆弧

在绘制圆弧时，单击确定圆弧的起点，再次单击确定圆弧的终点，然后通过移动鼠标调整圆弧的凸起距离，完成绘制圆弧，如图 2–33 所示。

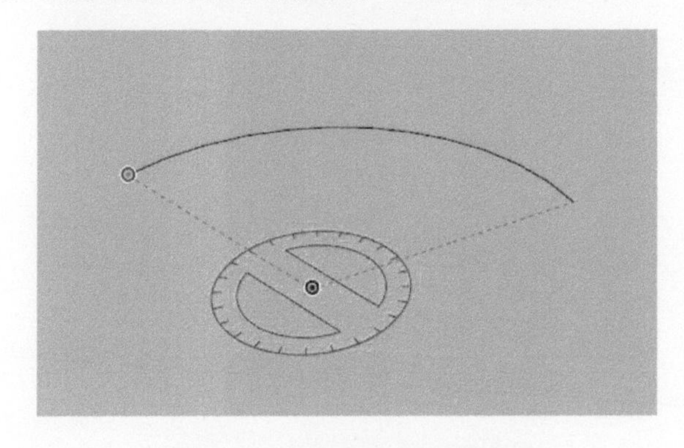

图 2–32　从中心和两点绘制圆弧

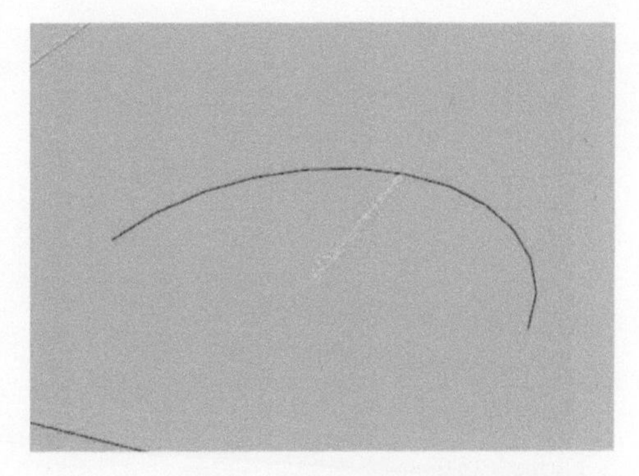

图 2–33　从起点、终点和凸起部分绘制圆弧

（3）圆周上 3 点绘制圆弧

在绘制圆弧时，单击确定圆弧的起点，再次单击确定圆弧上的一点，最后单击确定圆弧的终点，完成绘制圆弧。

（4）圆心画扇形

绘制扇形的方式与从中心和两点绘制圆弧的方式类似，先确定圆心，再确定两个端点的位置，最后自动生成闭合的面，完成扇形的绘制，如图 2–34 所示。

（5）绘制相切的圆弧

使用“圆弧”工具可以绘制连续圆弧线，如果弧线以青色显示，则表示与上一段弧线相切，出现的提示为“顶点切线”，如图 2-35 所示。绘制圆弧线（尤其是连续弧线）的时候常常会找不准方向，可以通过设置辅助面来解决。

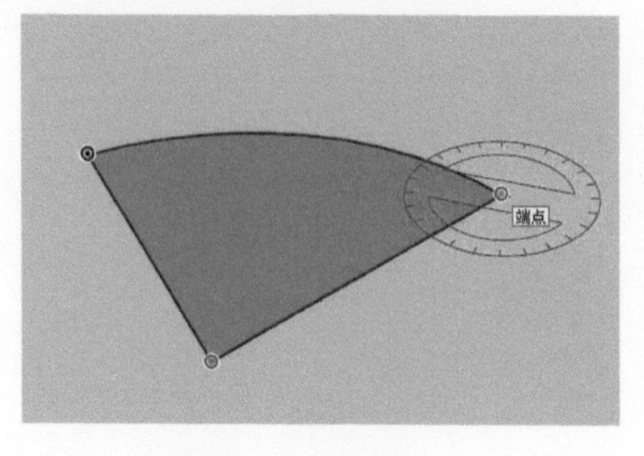

图 2-34　绘制扇形

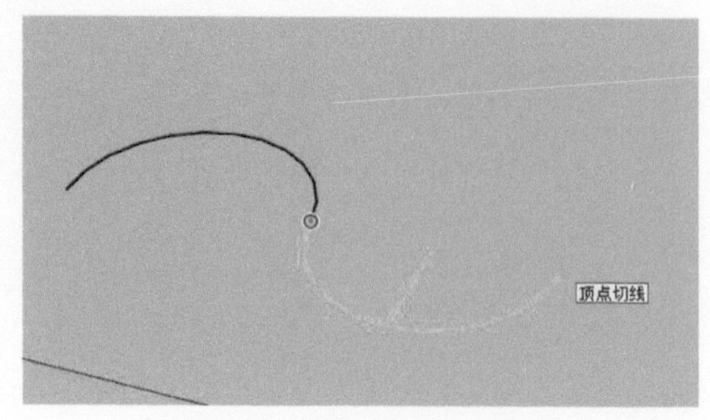

图 2-35　绘制相切的圆弧

2.4.4　矩形

矩形工具是通过确定矩形的两个对角点来绘制矩形，并自动生成面。单击“矩形”按钮（或按快捷键 <R>），在视图中按住鼠标左键，并拖曳出矩形，释放鼠标，即可将矩形创建完成。

在实际建模中，创建出的矩形朝向与当前视图的观察角度有很大关系。SketchUp 软件通常会选择朝向视口面积最大的两个坐标轴形成的面来生成矩形，如图 2-36 所示。掌握该规律后，在实际建模中才能够轻松准确地将需要的矩形创建出来。

图 2-36　通过坐标轴观察角度与创建矩形的朝向

（1）绘制尺寸精确的矩形

例如绘制一个长、宽分别为 3000 和 2000 的矩形。使用“矩形”工具在视图中按住鼠标左键拖曳出矩形，释放鼠标，输入“3000,2000”，按 <Enter> 键，即可将长、宽分别为 3000 和 2000 的矩形绘制出来，如图 2-37 所示。

注意，这里输入的参数为正数，即按照绘制矩形的方向生成长、宽为 3000 和 2000 的矩形，如果输入数值为“–3000,–2000”，将按照当前绘制的矩形的反方向生成矩形，如图 2-38 所示。

精确绘制矩形时，输入数值的绝对值为矩形的宽度和高度，输入数值的正负代表生成矩形的方向，数值为正值代表沿着当前绘制矩形的方向生成矩形，数值为负值代表沿着当前绘制矩形相反的方向生成矩形。

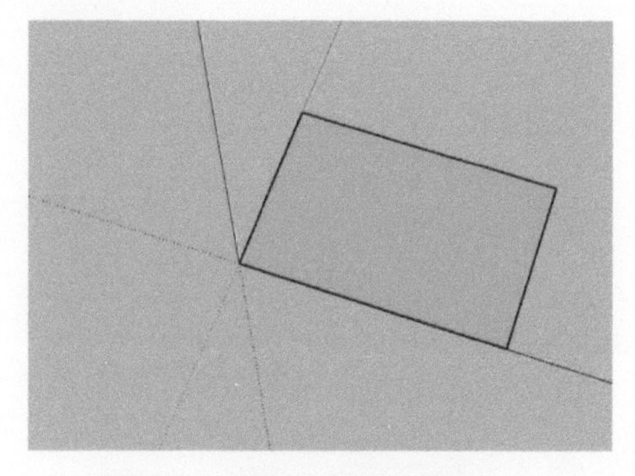

图 2–37　创建尺寸精确的矩形

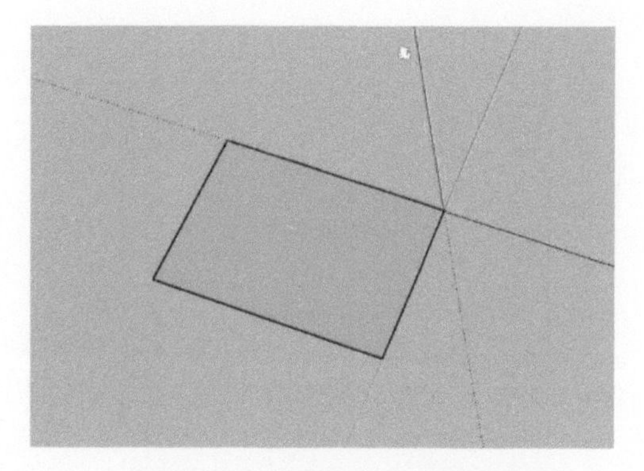

图 2–38　创建尺寸为负值的矩形

（2）绘制特殊矩形

在绘制矩形的时候，如果出现了一条虚线，并且带有“正方形”提示，则说明绘制的是正方形；如果出现的是“黄金分割”的提示，则说明绘制的是带黄金分割的矩形。

（3）斜面上绘制矩形

在斜面上绘制矩形时，矩形的方向和位置会自动与斜面贴合，矩形绘制完成后会分割斜面，将斜面分成相互独立的区域，如图 2–39 所示。

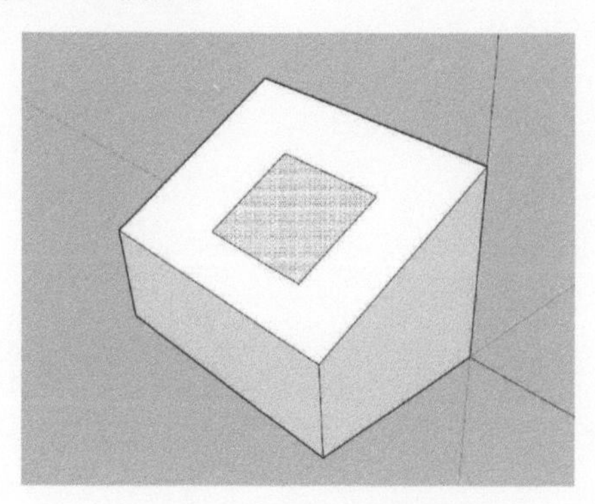

图 2–39　斜面上绘制矩形

2.4.5　旋转长方形

旋转长方形工具可以从 3 个角画长方形面，提供了在各个方向绘制长方形面的可能。首先需要确定长方形长边的方向和长度，再确定宽边的方向和长度，如图 2–40 所示。

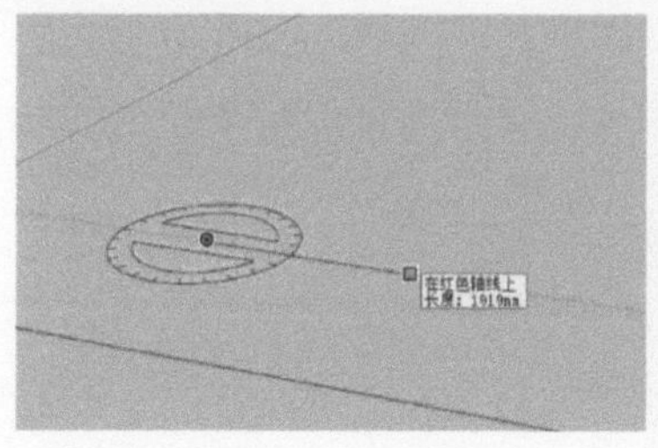

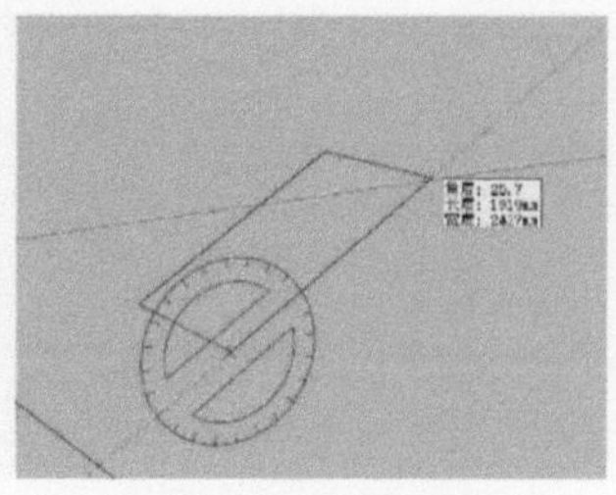

图 2–40　绘制旋转长方形

2.4.6 圆

激活该工具后，在光标处会出现一个圆，在场景中单击即可确定圆心位置，移动鼠标可以调整圆的半径（半径值会在数值控制框中动态显示），也可以直接输入一个半径值，接着再次单击即可完成圆的绘制，如图 2–41 所示。

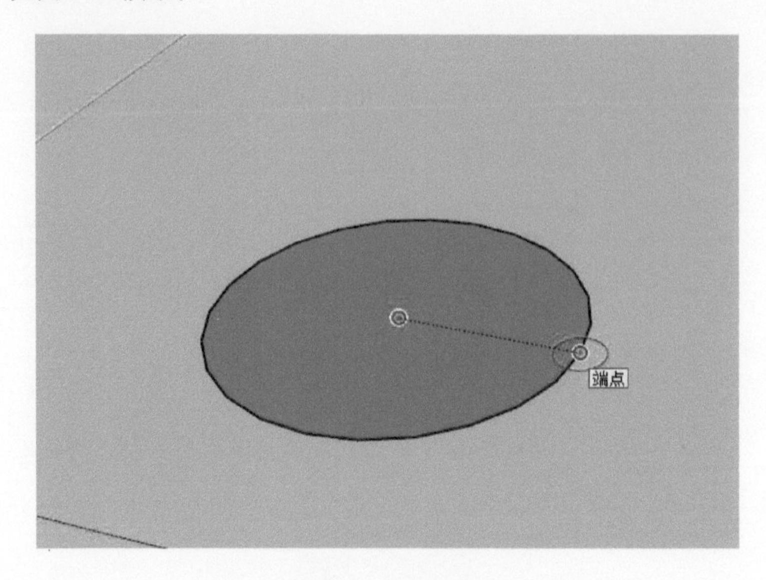

图 2–41　绘制圆

一般完成圆的绘制后便会自动封面，如果将面删除，就会得到圆形边线；如果想要对单独的圆形边线进行封面，可以使用“直线”工具连接圆上的任意两个端点，就可以封面。

在 SketchUp 中，圆形实际上是由正多边形组成的，操作时并不明显。在绘制圆形时也可以调整圆的边数（即多边形的边数）。在激活“圆”工具后在数值控制栏中输入边数，如“8”表示边数为 8，也就是此圆用正八边形来显示，“16”表示正十六边形，也就是此圆用正十六边形来显示。软件默认绘制圆的边数是“24”。

一般来说，不用去修改圆的边数，使用默认值即可。如果边数过多，视觉上并无差别，但是会引起面的增加，这样会使场景的显示速度变慢。

2.4.7 多边形

根据中心点和半径绘制多边形。绘制方法和绘制圆的方法相似。所以边数较多的正多边形会显示成圆形。

2.5 编辑工具

在 SketchUp 中，使用绘图工具完成面的绘制后，可以通过移动、推／拉、旋转、路径跟随、缩放、偏移等命令进行模型的编辑。执行“视图”→“工具栏”菜单命令，在弹出的面板中选择“编辑”，可调出编辑工具栏，如图 2–42 所示。

图 2–42　编辑工具

2.5.1　移动

“移动”工具 可以对线、面、物体进行移动。

（1）移动

选择需要移动的元素或物体，然后单击“移动”工具，在场景中单击确定移动的起始点，接着移动鼠标，再次单击，就完成了移动。在移动物体时，会出现一条参考线；另外，在数值控制框中会动态显示移动的距离。

在进行移动操作之前或移动的过程中，可以按住 <Shift> 键来锁定参考线的方向。

（2）复制

在移动对象的同时按住 <Ctrl> 键就可以复制选择的对象（按住 <Ctrl> 键后，鼠标移动图标的右下角会多出一个“+”号）。完成一个对象的复制后，如果在数值控制框中输入“3*”或“3X”，将会以复制的间距阵列 3 份，如图 2–43 所示。如果输入“/3”或“3/”，会在复制间距内等距离复制成 3 份，如图 2–44 所示。

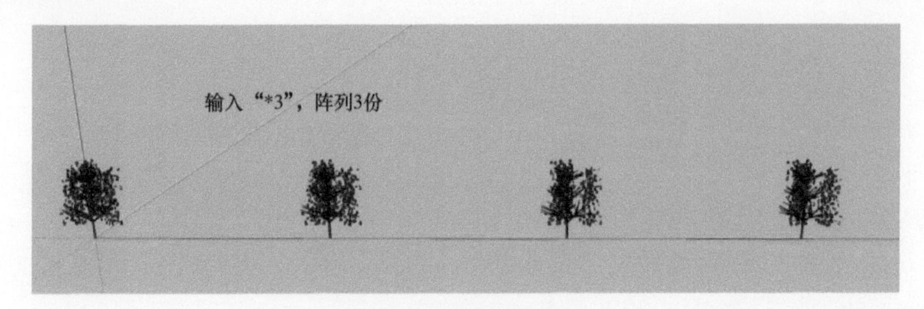

图 2–43　阵列 3 份

图 2–44　等间距复制 3 份

当移动几何体上的一个元素时，SketchUp 会按需要对几何体进行拉伸。用户可以用这个方法移动点、边线和表面，如图 2–45 所示。

图 2–45　拉伸几何体

2.5.2　推 / 拉

“推 / 拉”工具可以将二维平面推或拉成三维立体模型。使用“推 / 拉”工具推拉平面时，推拉的距离会在数值控制框中显示。用户可以在推拉的过程中或完成推拉后输入精确的数值进行修改。

如果输入的是负值，则表示往当前的反方向推拉。“推 / 拉”工具只能对平面进行挤压，不能挤压曲面，如图 2–46 所示。

将一个面推拉到一定距离后，如果在另一个面上双击鼠标左键，则该面将推拉同样的高度。使用“推 / 拉”工具时，按住 <Ctrl> 键，推拉图标的右上角会多出一个“ + ”号，可以在推拉的时候生成一个新的面，如图 2–47 所示。

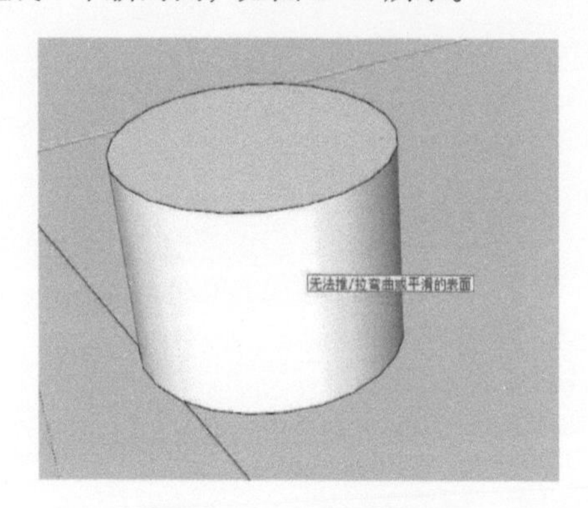

图 2–46　不能挤压曲面

图 2–47　推拉生成面

2.5.3　旋转

“旋转”工具用于旋转对象，可以对单个或多个物体进行旋转，也可对物体中的某一部分进行旋转，实现物体的拉伸或扭曲，还可以在旋转时对物体进行复制。

（1）旋转

使用“旋转”工具旋转某个元素或物体时，鼠标光标会变成“旋转量角器”，用户可以将“旋转量角器”放置在边线或表面上，然后通过单击鼠标左键拾取旋转的起点，并移动鼠标开始旋转，当旋转到需要的角度后，再次通过单击鼠标左键完成旋转操作，如图 2–48 所示。

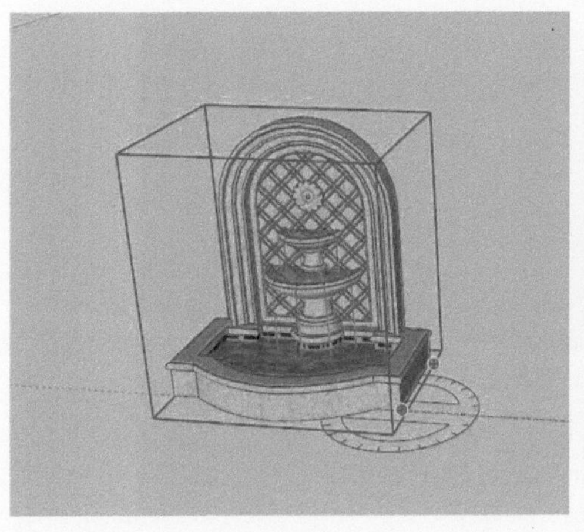

图 2–48　旋转物体

（2）旋转复制

使用“旋转”工具，同时按住〈Ctrl〉键，可以在旋转的同时复制物体，完成一个对象的旋转复制。同移动复制方式一样，如果在数值输入框内输入“3*”或者“3X”就可以按照上一次的旋转角度将对象复制 3 个；如果输入“/3”，那么就可以在旋转的角度内等角度复制 3 份。

使用“旋转”工具只旋转某个物体的一部分时，可以将该物体进行拉伸或扭曲，如图 2–49 所示。

图 2–49　旋转物体表面

2.5.4　路径跟随

路径跟随工具可以沿着一条路径复制平面轮廓，沿路径手动或自动拉伸平面，从而生成新模型。

例如绘制圆环。先绘制一个圆面，在圆面边上绘制一个小圆，两者成垂直截面，如图 2–50 所示。先单击大圆，再单击“路径跟随”工具，最后单击小圆，效果如图 2–51 所示。最后将中间的面删除，得到圆环，如图 2–52 所示。

利用路径跟随工具，可以在物体表面生成边角细节，如图 2–53 所示。

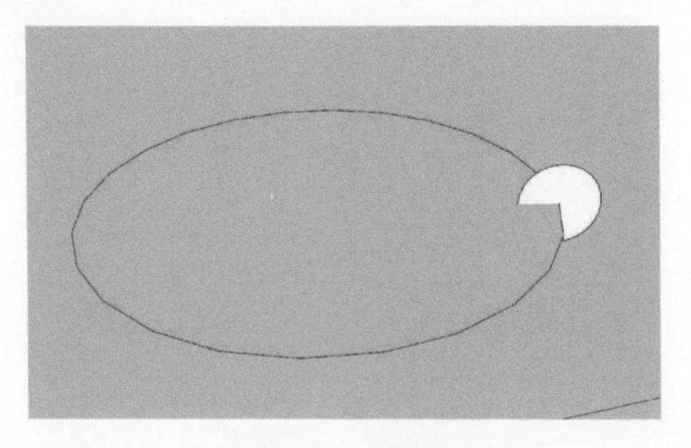

图 2-50　绘制圆

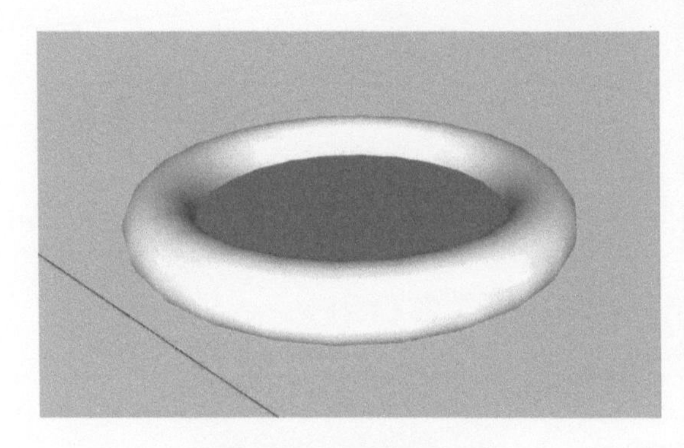

图 2-51　路径跟随效果

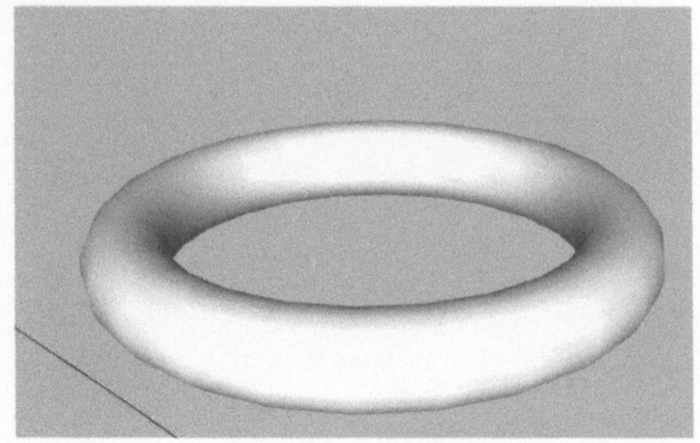

图 2-52　圆环

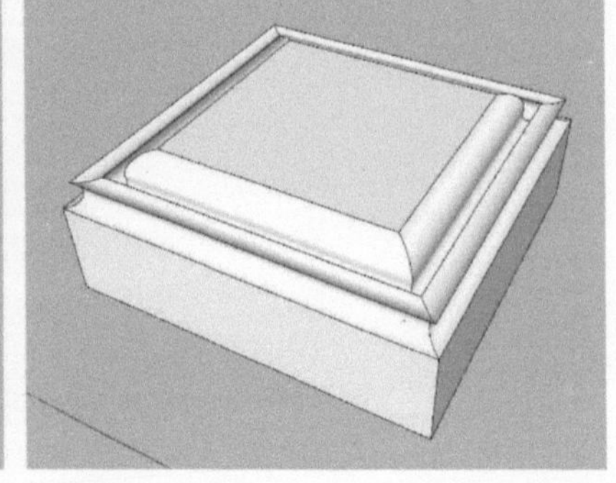

图 2-53　物体细节

2.5.5　缩放

"缩放"工具可以缩放或拉伸选中的物体，方法是选中物体后，激活"缩放"工具，物体四周出现绿色的缩放夹点。鼠标移动到缩放夹点上，该夹点变为红色，按住鼠标左键后，移动鼠标来调整物体的大小。

不同的夹点支持不同方向的缩放。在缩放的时候，数值控制框会显示缩放比例，用户也可以在完成缩放后输入一个数值，数值的输入方式有 3 种。

（1）输入缩放比例

数值输入框内直接输入不带单位的数字，例如 2 表示沿鼠标移动方向，物体缩放 2 倍。-2 表示往夹点操作方向的反方向缩放2倍。缩放比例不能为0。沿某一轴方向缩放“-1”倍，可得到此方向的镜像。

（2）输入尺寸长度

数值输入框内输入一个数值并指定单位，例如，输入“2m”表示缩放到2米。

（3）输入多重缩放比例

一维缩放只需要输入一个数值；二维缩放需要两个数值，用逗号隔开；等比例的三维缩放也只需要一个数值，但非等比例的缩放需要输入3个数值，分别表示X轴、Y轴、Z轴方向的缩放，并用逗号隔开。

在缩放时，按住<Ctrl>键，将变为中心缩放。按住<Shift>键进行夹点缩放，将在等比缩放和非等比缩放之间互相切换。

2.5.6 偏移

使用“偏移”工具可以使同一平面的线段沿着一个方向偏移复制统一的距离。用户可以将对象偏移复制到内侧或外侧，偏移之后会产生新的表面，如图2-54所示。使用“偏移”工具一次只能偏移一个面或者一组共面的线。

“偏移”工具无法对单独的线段以及交叉的线段进行偏移复制。当光标放置在这两种线段上时，光标会出现提示。

对于多条线段组成的弧线以及线段与弧线组成的线形，均可以进行偏移复制操作，如图2-55所示。

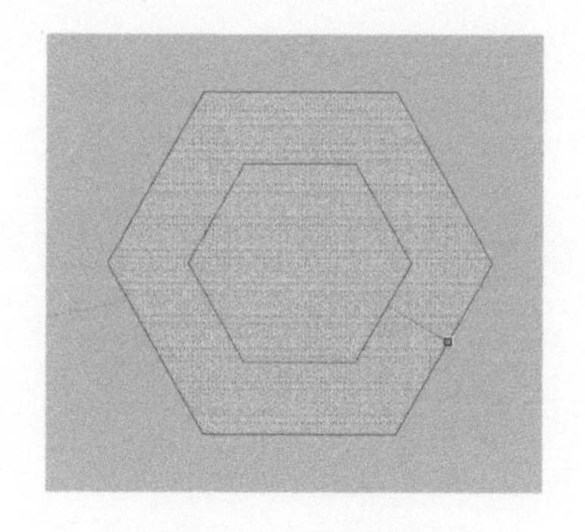

图2-54 偏移物体

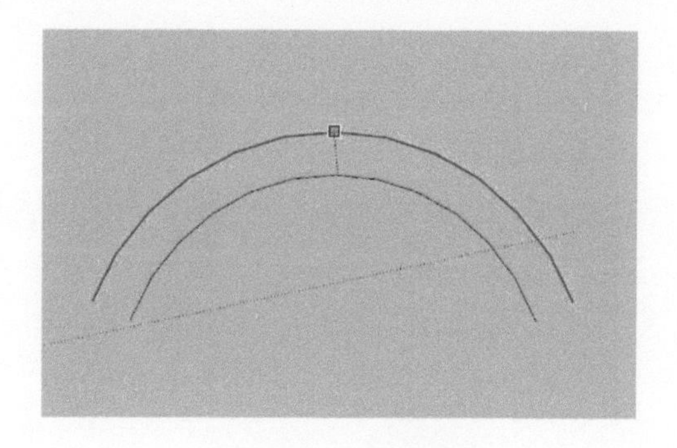

图2-55 偏移圆弧

2.6 建筑施工工具

建筑施工工具又称为构造工具，执行“视图”→“工具栏”菜单命令，在弹出的面板中选择“建筑施工”复选框如图2-56所示，可以帮助模型达到很高的建模精度，主要包括卷尺工具、尺寸、量角器、文字、轴、三维文字。

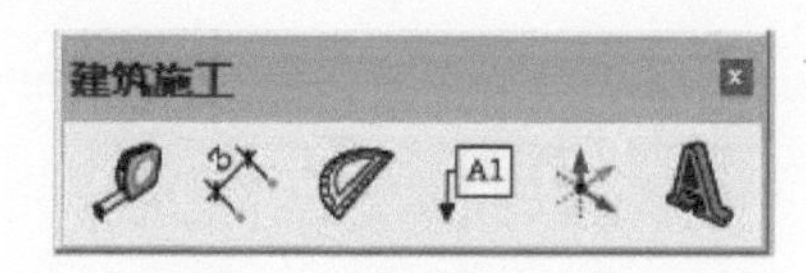

图2-56 建筑施工工具

2.6.1 卷尺工具

“卷尺”工具 主要对模型任意两点之间进行测量，同时还可以制作精准的辅助线。

（1）测量长度

打开模型，单击“卷尺”工具，在准备测量的起点单击，然后拖动鼠标，会拉出一条细实线至测量终点，并再次单击，完成测量。在数值输入框内即可查看长度数值。

进入“模型信息”面板，选择“单位”选项卡，可以调整测量单位和精确度参数，在测量时就可以得到更加精确的数值，如图 2–57 所示。

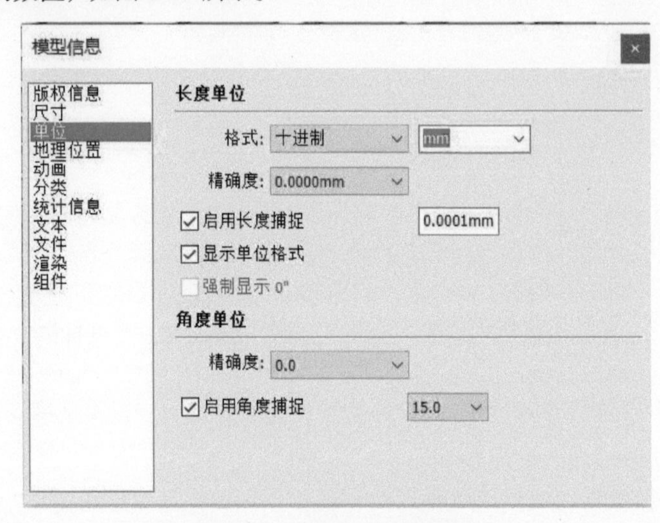

图 2–57　测量单位和精确度

（2）创建辅助线

卷尺工具可以创建两种辅助线，线段延长线和直线偏移辅助线。

1）线段延长线。激活“卷尺”工具后，用光标在需要创建延长线段的端点处开始拖出一条延长线，延长线的长度可以在屏幕右下角的数值控制栏中输入，这样得到线段延长线。

2）直线偏移辅助线。激活“卷尺”工具后，用光标在偏移辅助线两侧端点外的任意位置单击鼠标，以确定辅助线起点。移动光标，就可以看到偏移辅助线随着光标的移动自动出现。也可以直接在数值控制栏中输入偏移值。

场景中常常会出现大量的辅助线，如果是已经不需要的辅助线，可选中后直接删除；如果还需要，可以先将其隐藏起来。选择辅助线，选择“编辑”→“隐藏”命令即可，或者单击鼠标右键，在弹出的快捷菜单中选择“隐藏”命令。选择“编辑”→“撤销隐藏”→“全部”命令，则可将隐藏的辅助线显示。

2.6.2 尺寸

“尺寸”工具 主要对模型进行精确标注，可以标注长度、半径、直径。SketchUp 绘制的建筑施工图与 CAD 绘制的建筑施工图是不一样的。CAD 绘制的建筑施工图，各类图形要素必须符合相关制图标准，而 SketchUp 绘制的建筑施工图，目的是方便查看，对标注没有特殊要求。

（1）标注样式的设置

不同类型图纸对于标注样式的要求不同。因此标注之前需要设置标注样式。在菜单“窗口”的

“模型信息”对话框中的“尺寸”选项卡中设置相关参数，如图 2–58 所示。

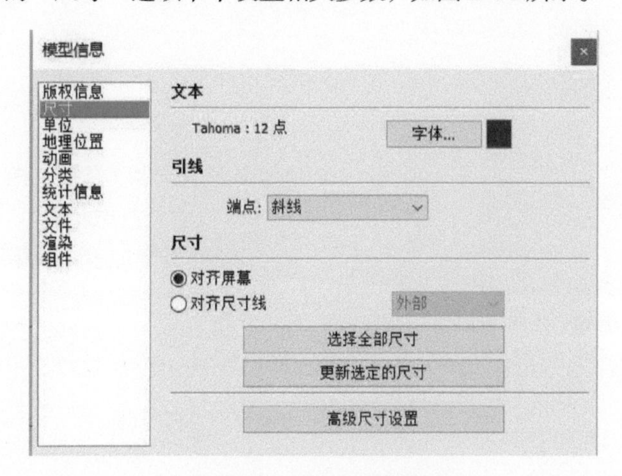

图 2–58 “尺寸”选项卡

（2）尺寸标注

SketchUp 的尺寸标注是三维的，并且随着场景转动，可以始终保持面向屏幕，方便观察。其引出点可以是端点、终点、交点以及边线，并可以标注三种类型的尺寸：长度标注、半径标注、直径标注。

1）长度标注。长度标注主要针对直线距离。激活“尺寸”工具，在测量距离的起点单击鼠标，作为标注的起点；移动光标到测量距离的终点，再次单击鼠标，作为标注的终点，再向外拉出标注线，即可完成尺寸标注，如图 2–59 所示。

2）半径标注。半径标注主要是针对弧形物体。激活“尺寸”工具，单击鼠标选择弧形，移动光标即可创建半径标注，标注文字中的“R”表示半径，如图 2–59 所示。

3）直径标注。直径标注主要是针对圆形物体。激活“尺寸”工具，单击鼠标选择圆形，移动光标即可创建直径标注，标注文字中的“DIA”表示直径，如图 2–59 所示。

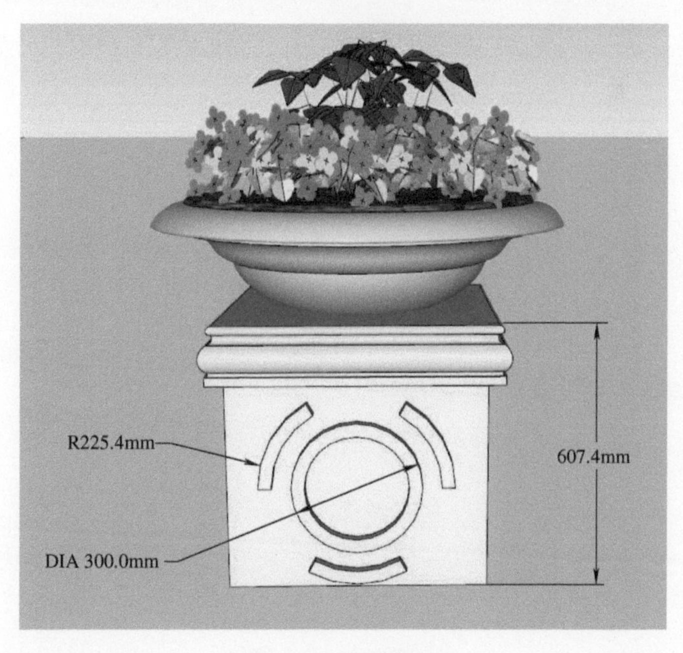

图 2–59 尺寸标注

标注后，如果要对标注进行后期修改，可以对标注显示的数值双击鼠标左键，出现修改框就可以进行更改，可以修改为任意数值或文字。

2.6.3 量角器

“量角器”工具可以用来测量角度，也可以用来创建所需要的角度辅助线。

激活“量角器”工具，当鼠标变成量角器时，单击鼠标，确定目标测量角的顶点。移动鼠标，选择测量角的一边，作为测量角度的零度起始线，并单击鼠标确定。再次移动鼠标捕捉测量角的另一边，单击鼠标，完成测量。

测量完成后，自动生成一条辅助线，同时在数值输入框内可以看到测量角度值。

2.6.4 文字

在园林设计时，除了对模型进行尺寸标注外，还可以对面积、材料、做法等进行文字说明。文字主要有两类，分别是引线对话框中的文字和屏幕文字。在“模型信息”对话框中的“文本”选项卡中可以设置文字和引线的样式，包括屏幕文字、引线文字、引线等，如图 2-60 所示。

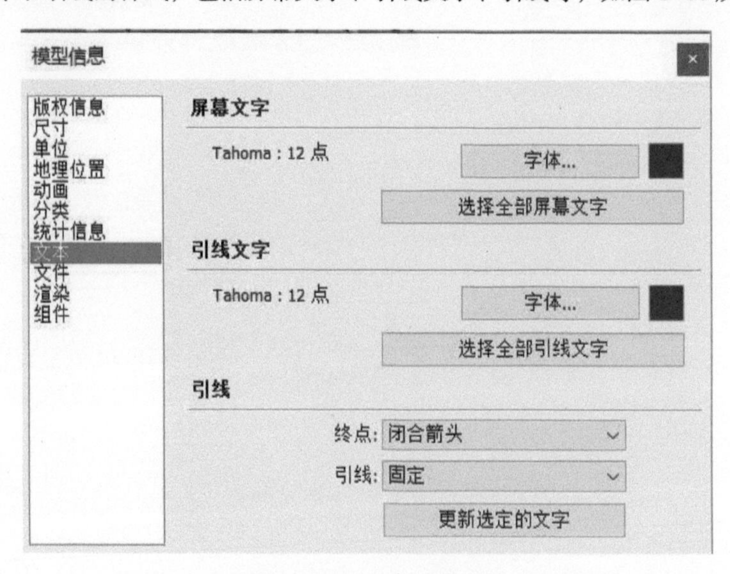

图 2-60 “文本”选项卡

（1）屏幕文字

激活“文字”工具，在屏幕的空白处单击鼠标，出现文本框，输入文字内容即可创建屏幕文字。输入完成后在屏幕空白处单击鼠标，结束文字命令。

（2）引线文字

激活“文字”工具，在模型上单击并拖动鼠标，拉出引线，在合适的位置单击鼠标，确定文本框位置，输入文字内容即可创建引线文字。输入完成后在屏幕空白处单击鼠标，结束文字命令。

（3）注释文字

激活“文字”工具，在模型上双击鼠标，即可创建不带引线的文本框，输入文字内容即可创建注释文字。输入完成后在屏幕空白处单击鼠标，结束文字命令。

2.6.5 轴

通过“轴”工具可以移动或重新确定场景中的绘图轴方向，方便我们进行准确的绘图。还可以对没有依照默认坐标平面确定方向的模型进行精确的比例调整。

激活“轴”工具，将鼠标放到新的坐标位置后单击确定，然后左右拖动鼠标，自定义坐标 X、Y 轴方向，确定方向后，分别单击鼠标，完成 X、Y 轴，即可确定坐标轴。在实际绘图中，通常将坐标轴放在模型的某个顶点，从而方便坐标轴的调整。

如果要恢复默认轴方向，可将鼠标移到某个轴上，单击鼠标右键，选择“重设”命令，即可恢复轴方向。

2.6.6 三维文字

“三维文字”工具广泛地应用于 LOGO、雕塑文字等。激活“三维文字”工具，出现“放置三维文本”对话框，输入相应的文字内容，如图 2–61 所示。如果不勾选“填充”选项，将无法挤压出文字厚度，所创建的文字将是线性。

单击“放置”按钮，即可将文字放置到合适的位置，单击鼠标完成创建，如图 2–62 所示。

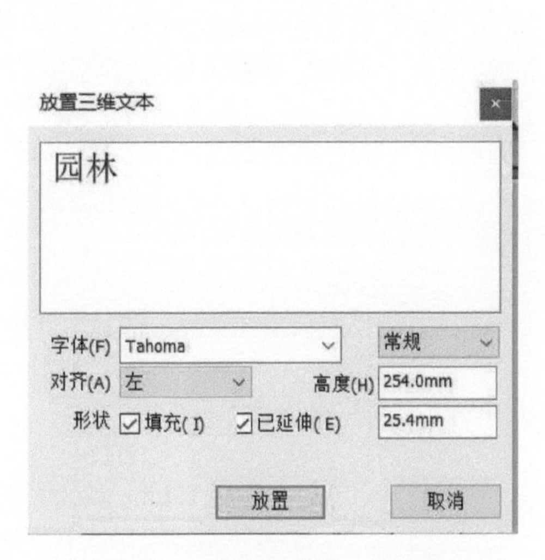

图 2–61 “放置三维文本”对话框

图 2–62 三维文字效果

2.7 漫游工具

漫游工具主要是对模型进行漫游观察，如图 2–63 所示，包括定位相机、绕轴旋转、漫游工具。

图 2–63 漫游工具栏

其中定位相机和绕轴旋转主要用于相机位置与观察方向的确定，漫游工具主要用于制作漫游动画。

2.7.1 定位相机和绕轴旋转

激活“定位相机”工具后，移动鼠标至合适的放置点，单击鼠标确定相机的放置点。系统默认眼睛高度为 1676.4mm，场景视角也会发生变化。设置好相机后，旋转鼠标中键，即可自动调整相机的眼睛高度。

相机设置好后，鼠标指针会变成眼睛的样子，按住鼠标左键不放，拖动光标可进行视角的转换。

“绕轴旋转”工具可以围绕固定的点移动镜头，类似于让一个人站立不动，然后观察四周，即向上、下（倾斜）和左右（平移）观察。“绕轴旋转”工具在观察模型内部空间或者在使用定位镜头工具后评估可见性时尤其有用。

2.7.2 漫游工具

使用“漫游”工具可以穿越模型，就像是正在场景中行走一样，特别是漫游工具会将镜头固定在某一特定高度，然后操纵镜头观察模型四周，但漫游工具只能在透视图模式下使用。

单击“漫游”工具，鼠标指针变成了一双脚，在场景中任意单击一点，多了一个“十”字指针，按住鼠标左键不放，向前拖动，就像走路一样一直往前走，直到离模型越来越近，观察越来越清楚。按住鼠标左键左右移动鼠标，则可以产生转向的效果。如果按住 <Ctrl> 键推动鼠标，则会产生加速前进的效果。按住 <Shift> 键并上下移动鼠标，则可以升高或降低相机视点，方便我们多角度观察模型。

第3章

进阶操作

3.1 群　组

群组简称为“组”，是一些点、线、面或者实体的集合。在 SketchUp 建模过程中，由于其特殊的线面概念，很容易让相连的线和面产生关联，进而影响整体建模，因此常将不需要与其他对象产生关联的物体创建成为群组，将其从场景中独立出来。

3.1.1 创建群组

选中要创建为群组的物体，在此物体上右击，在弹出的菜单中执行“创建群组”命令，如图 3–1 所示，也可以选择物体对象后，执行“编辑”→“创建群组”菜单命令，如图 3–2 所示。

图 3–1　右键菜单创建群组

图 3–2　“编辑”菜单创建群组

3.1.2 编辑群组

当需要编辑组内的几何体时，就需要进入组的内部进行操作。在群组上双击鼠标左键或者在组的右键菜单中执行“编辑组”命令，即可进入组内进行编辑。进入组的编辑状态后，组的外框会以虚线显示，其他外部物体以灰色显示，如图 3–3 所示。

完成组内对象的编辑后，在组外单击鼠标左键或者按 〈Esc〉 键即可退出组的编辑状态。

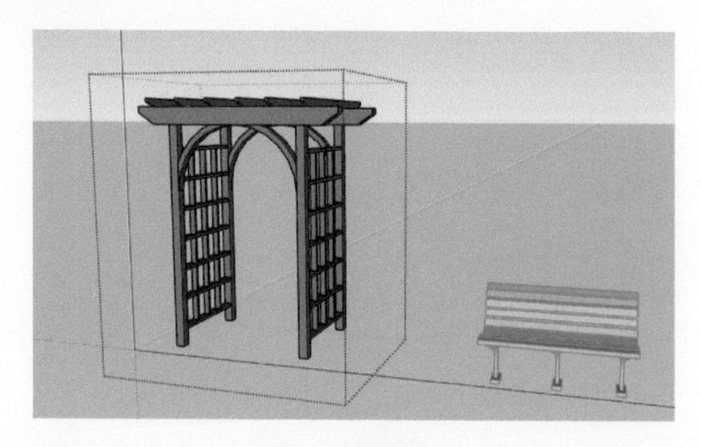

图 3–3　编辑群组

3.1.3　锁定群组

创建好的群组，如果暂时不需要编辑，可以将其锁定，以免受到干扰。在需要锁定的群组上右击，在弹出的快捷菜单中选择“锁定”命令即可锁定群组如图 3–4 所示，锁定群组后，所选中群组的外框以红色显示，如图 3–5 所示。

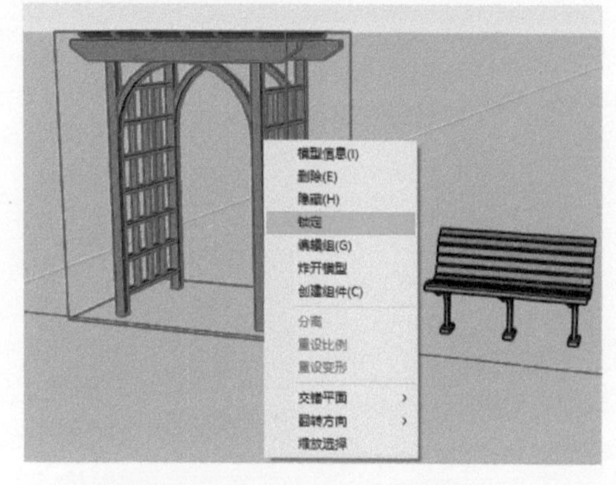

图 3–4　右键菜单锁定群组

图 3–5　群组被锁定

如需要对锁定的群组进行解锁，只需要在拟解锁的群组上右击，在弹出的快捷菜单中选择“解锁”命令，如图 3–6 所示，即可解除群组的锁定，如图 3–7 所示。

图 3–6　右键菜单解锁群组

图 3–7　群组解除锁定

3.1.4 炸开群组

创建的组可以被炸开（分解），炸开后组将恢复到成组之前的状态。炸开组的方法：在要炸开的群组上右击鼠标，接着在弹出的菜单中执行“炸开模型”命令，如图 3–8 所示。

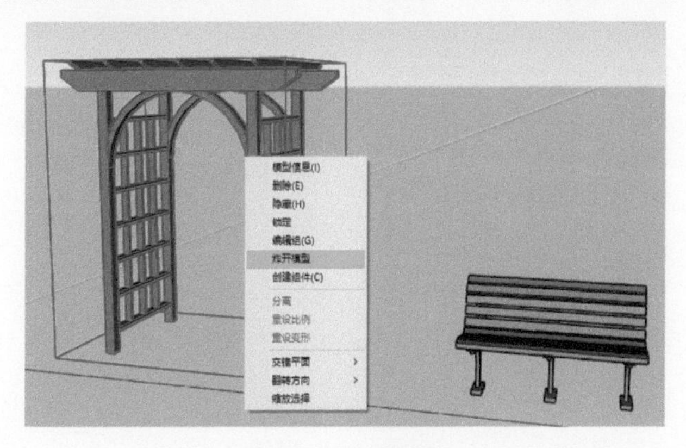

图 3–8 炸开群组

3.1.5 实战——制作条凳

1）执行“矩形”命令，绘制长 70 宽 50 的矩形，选中矩形，单击鼠标右键，执行“创建群组”命令，如图 3–9 所示，双击进入组内部，执行“推拉”命令，向上推拉 400，完成条凳腿的制作，如图 3–10 所示。

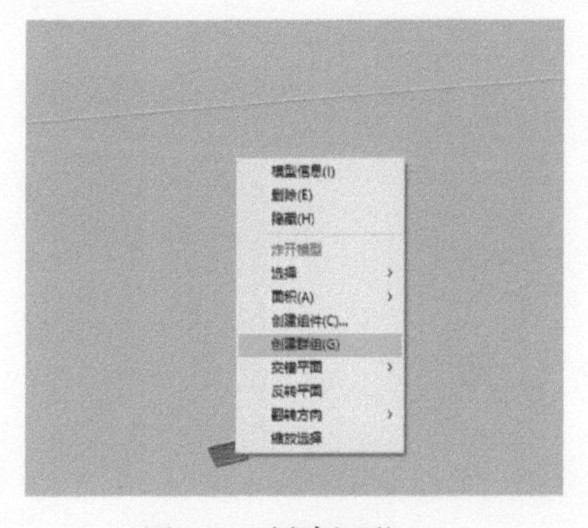

图 3–9 创建矩形

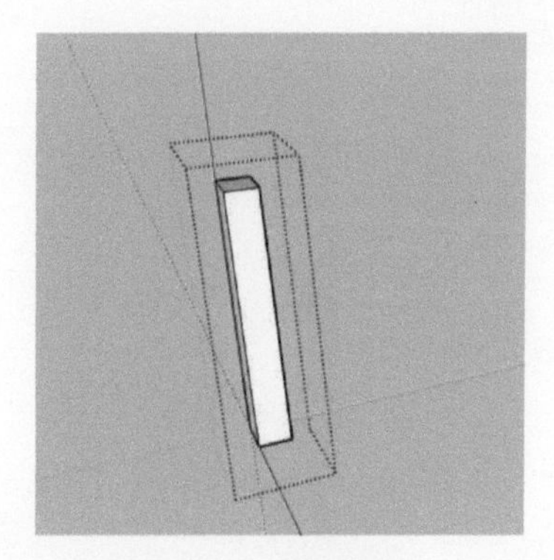

图 3–10 创建凳腿

2）选择条凳腿，执行“移动”命令，按 <Ctrl> 键，沿着绿色轴方向复制 1750，如图 3–11 所示。

图 3–11 复制凳腿

3）执行“矩形”命令，在条凳腿上部绘制长 70 宽 50 的矩形，将此矩形转化为“群组”，进入其内部，执行“推拉”命令，推拉到另一条凳腿处，如图 3–12 所示，选择创建完成的对象，沿着红色轴方向复制，间距 500，如图 3–13 所示。

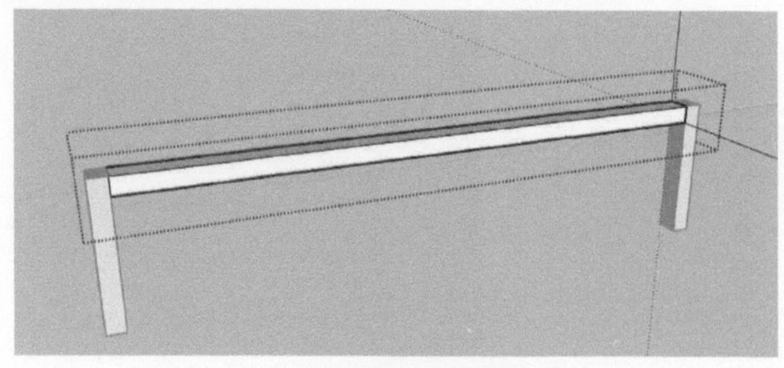

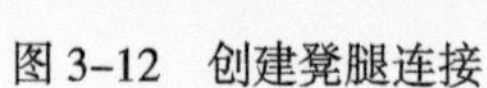
图 3–12　创建凳腿连接

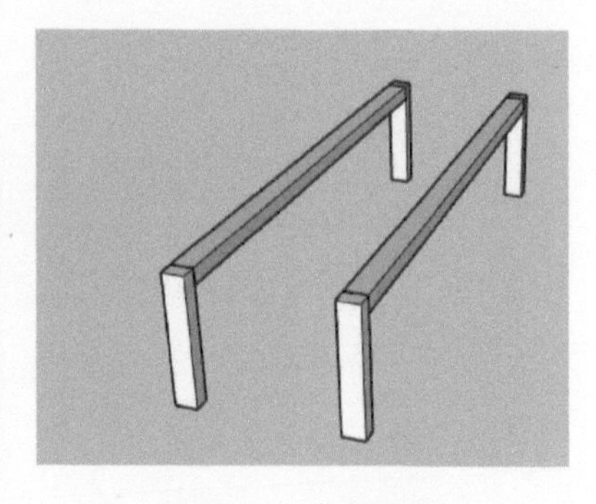

图 3–13　复制凳腿

4）执行“矩形”命令，在凳腿上部绘制长 50 宽 50 的矩形，并创建群组，进入组内部推拉到对面，如图 3–14 所示，将创建的短边复制到另一边，如图 3–15 所示。

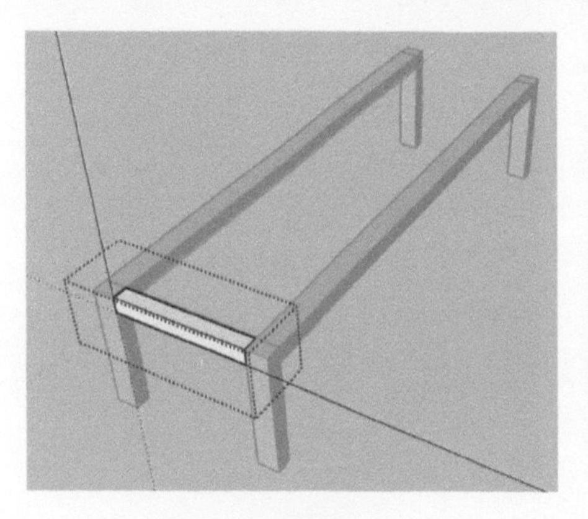

图 3–14　创建短边

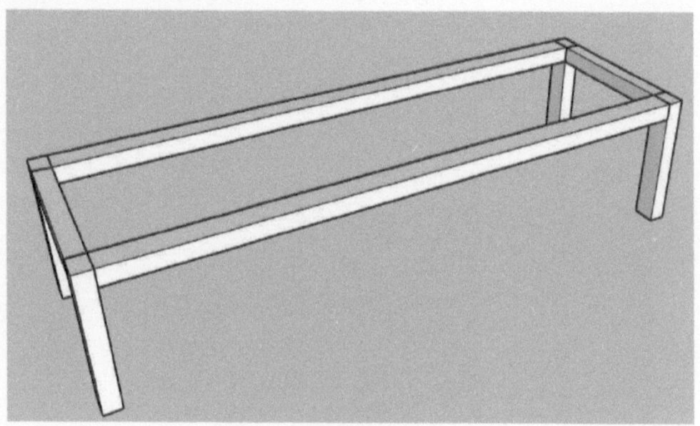

图 3–15　复制短边

5）执行“矩形”命令，绘制宽 100 长 2000 的矩形，使用推拉工具向上推拉 40，然后将此面板创建为群组，如图 3–16 所示。

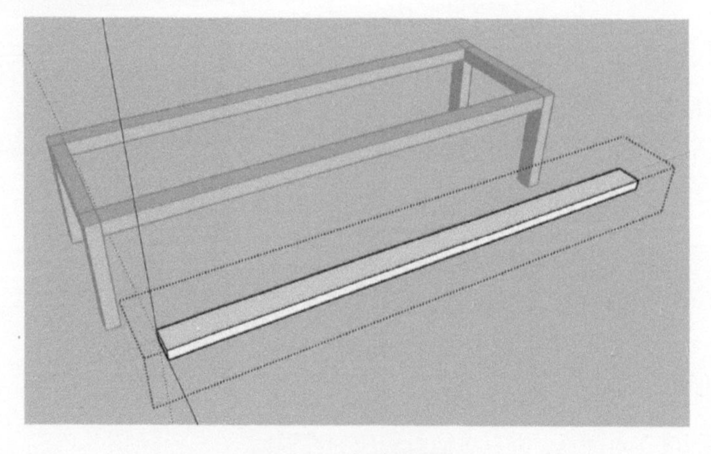

图 3–16　创建凳面板

6）执行“移动”命令，将面板群组下部中点，移动到凳腿顶部外侧中点，然后向外移动 100，如图 3–17 所示。

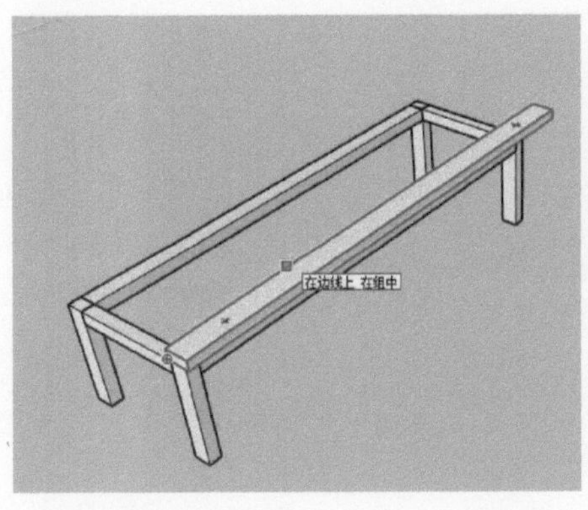

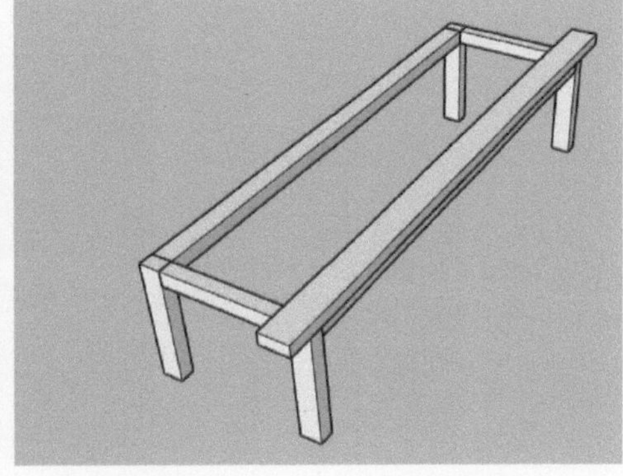

图 3–17　移动凳面板

7）选中面板执行“移动”命令，按住 <Ctrl> 键，沿着红轴方向向另一边移动，输入数值“500”，按 <Enter> 键，接着输入“/4”按 <Enter> 键，完成条凳的制作，如图 3–18 所示。

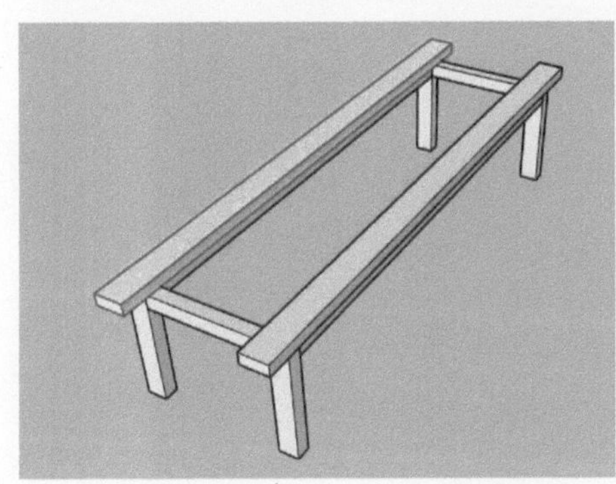

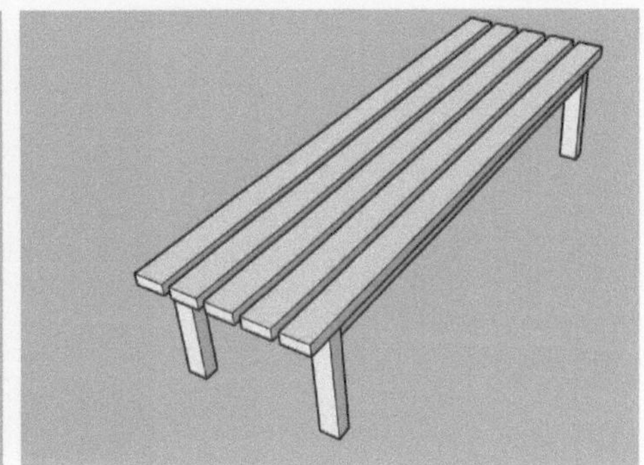

图 3–18　复制条凳面板

3.2 组　件

组件和群组类似，都是一个或多个对象的集合，组件除了拥有群组的一切功能外，还有一个重要的特点——关联性，是一种更强大的“群组”，一个组件通过复制得到若干关联组件后，编辑其中一个组件时，其余关联组件也会发生同样的变化，而对“群组”进行复制后，如果编辑其中一个群组，其他复制的群组不会发生改变。

3.2.1　创建组件

选中要创建为群组的物体，在此物体上右击，在弹出的菜单中执行“创建组件”命令，如图 3–19 所示，也可以选择物体对象后，执行“编辑”→“创建组件”菜单命令，如图 3–20 所示，随后会弹出“创建组件”对话框，在其中进行相应的设置后，单击“创建”按钮，则将选择物体创建为组件，如图 3–21 所示。

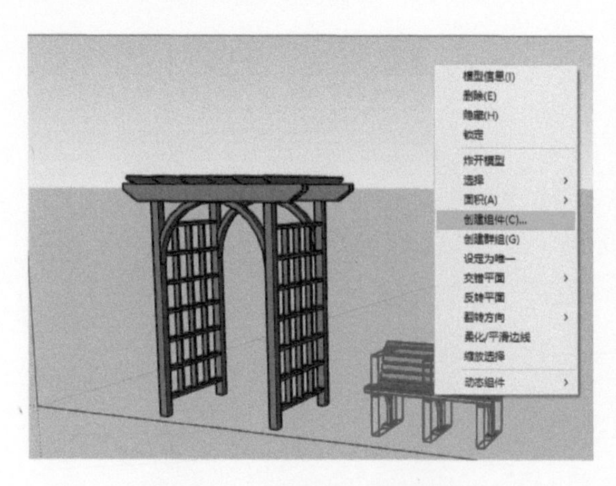

图 3–19　右键菜单创建组件

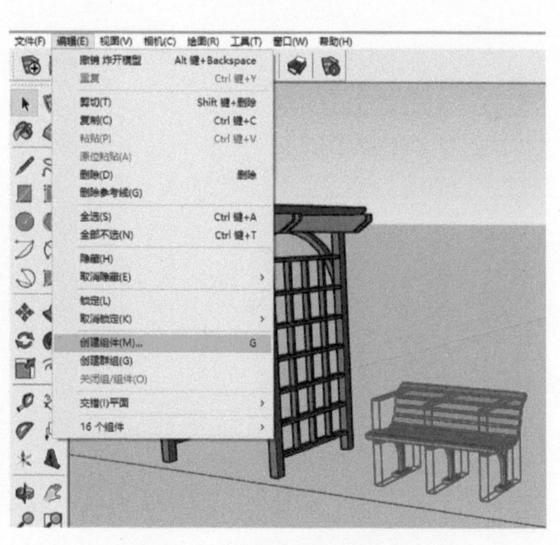

图 3–20　“编辑”菜单创建组件

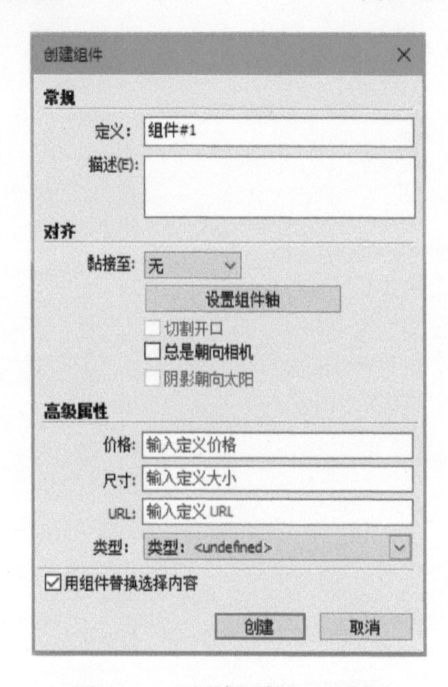

图 3–21　“创建组件”对话框

“创建组件”对话框中，各功能介绍如下：

（1）常规

“定义”文本框可以为组件命名。

“描述”文本框可以对组件的重要信息进行注释。

（2）对齐

1）“黏接至”：用来指定组件插入时所要对齐的面，可以在下拉列表中选择“无”“任意”“水平”“垂直”或“倾斜”如图 3–22 所示，选择“无”的方式，可启用“总是朝向相机”和“阴影朝向太阳”选项。

2）“切割开口”：该选项用于在创建的物体上开洞，如门窗等。选中此选项后，组件将在与表面相交的位置剪切开口。

图 3–22 “黏接至”下拉列表

3）“总是朝向相机”：该选项可以使组件始终对齐视图，以面向相机的方向显示，并且不受视图变更的影响，如果定义的组件为二维对象，则需要选中此选项，如图 3–23 所示，选中了此项功能，可以看出二维图形随视图而变化。而图 3–24 中为未选取此项功能，二维图形不随视图变化。

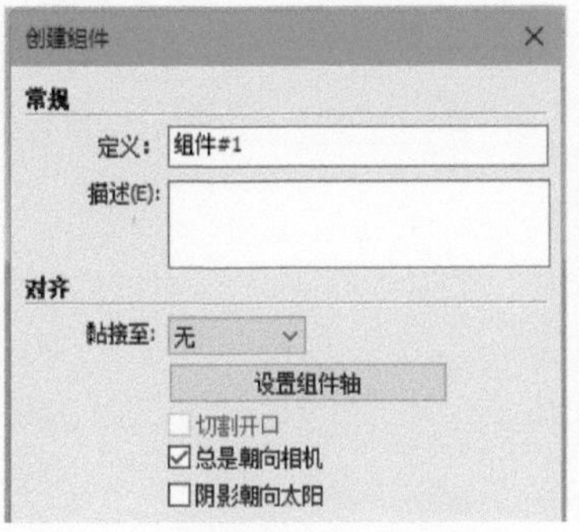

图 3–23 选择“总是朝向相机”

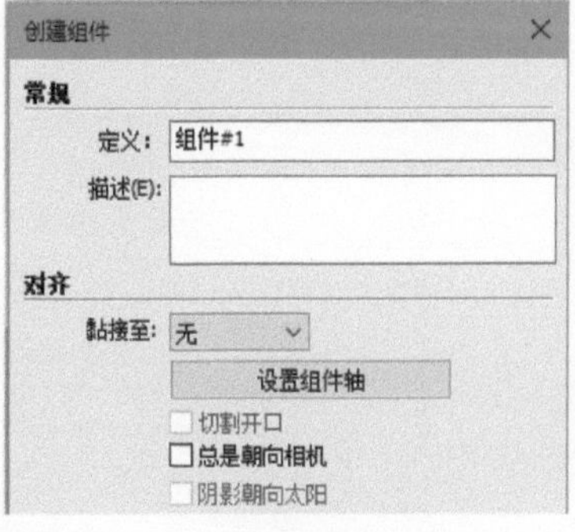

图 3–24 未选“总是朝向相机”

4）“阴影朝向太阳”：该选项只有在“总是朝向相机”选项开启后才能生效，可以保证物体的阴影随着视图的变动而改变，如图 3–25 所示。

5）“设置组件轴”：单击该按钮可以在组件内部设置坐标轴，坐标轴原点即是组件插入时的基点。

（3）用组件替换选择内容

选择此选项，可以将制作组件的源物体转换为组件；不选此选项，则原来的几何体将没有任何变化，但是在组件库中可以发现制作的组件已经被添加进去，仅仅是模型中的物体没有变化而已。

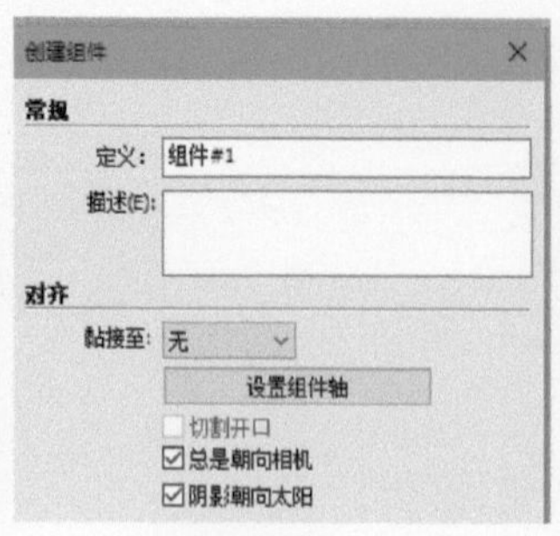

图 3–25　阴影朝向太阳

3.2.2　编辑组件

对组件进行编辑，最直接的方法就是双击进入组件内部进行编辑，与群组的编辑状态基本一致。

因组件具有关联性，当一个组件复制有多个时，进入其中任何一个进行编辑，其他的组件也会重复相同的操作，如图 3–26 所示。

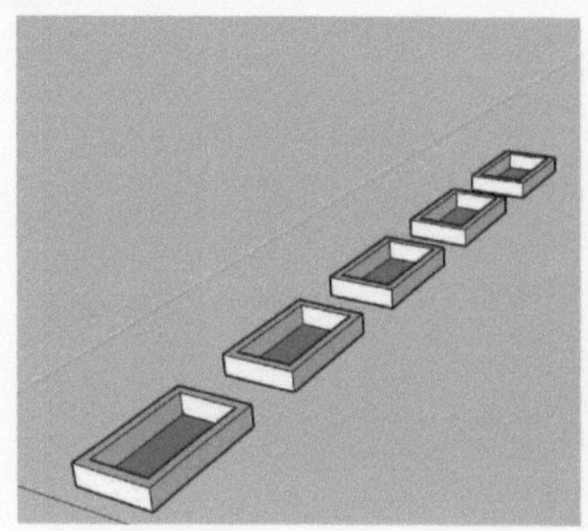
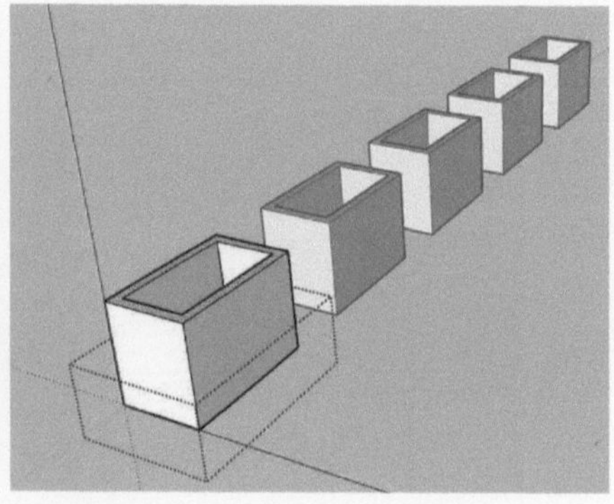

图 3–26　编辑组件

如果需要对关联组件中的一个或几个组件进行单独编辑，可将要改变的组件选中，单击鼠标右键，在菜单中选择“设定为唯一”，如图 3–27 所示，使用该命令后，即解除了该组件的关联性，用户可对其进行编辑，不会影响到其他组件。

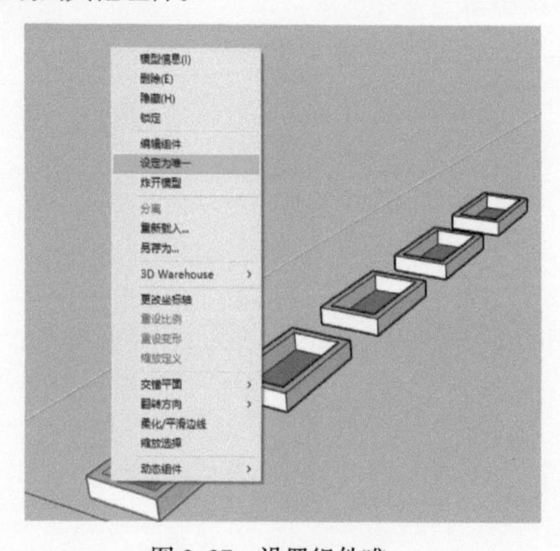

图 3–27　设置组件唯一

3.2.3　保存与调用组件

为了方便在其他场景或文件中使用制作好的组件，可对其进行保存，然后在其他场景中调用。

在要保存的组件上右击，执行“另存为”命令，则弹出“另存为”对话框，找到保存的路径，并输入保存的名称，然后单击“保存”按钮，如图 3–28 所示。

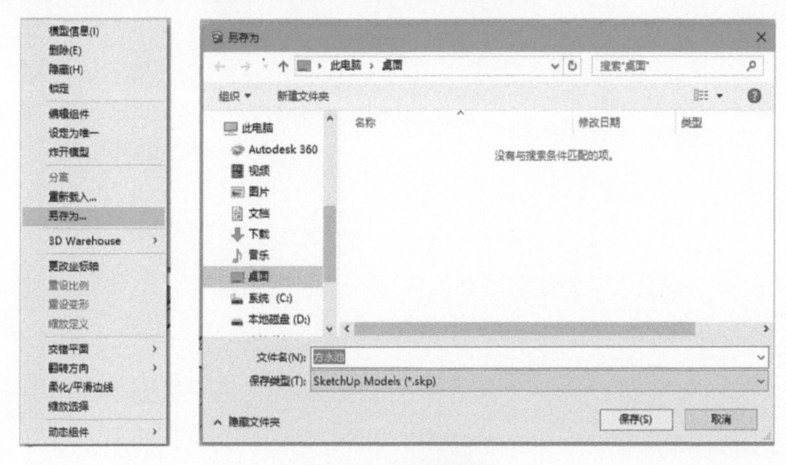

图 3–28　保存组件

组件保存以后，在其他的场景文件中，单击默认面板“组件”选项卡中的“详细信息”按钮，在弹出菜单中选择“打开或创建本地集合”选项，则弹出“浏览文件夹”对话框，选择拟调用组件所在路径，然后单击“确定”按钮，即可将其组件添加进来，以便使用，如图 3–29 所示。

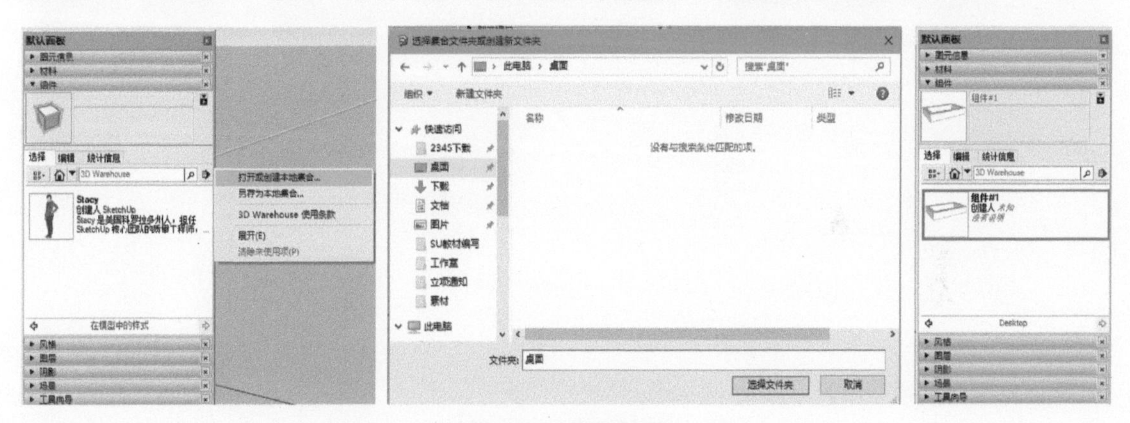

图 3–29　调用组件

3.2.4　锁定、炸开组件

组件的锁定、解锁、炸开，与群组操作基本一致，只需选中组件，然后单击鼠标右键，选择相应选项即可。

3.2.5　实战——制作二维树木组件

1）执行“文件”→“导入”菜单命令，弹出“导入”对话框，选择类型为“便携式网络图形

（*.png）”格式，如图 3–30 所示，出现相应图片文件，然后选中“图像”单选按钮，如图 3–31 所示。

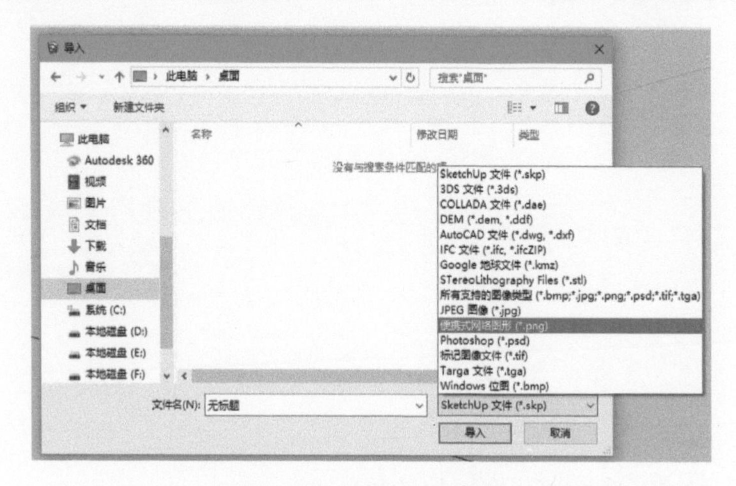

图 3–30　选择导入类型

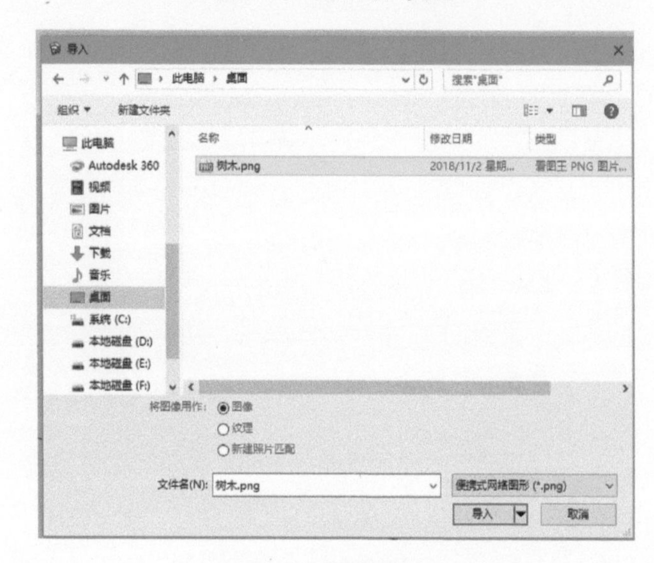

图 3–31　选择导入图片

png 格式图片能够保存背景信息，jpg 格式图片保存不了，如果图片为 jpg 格式可使用 PhotoShop 等软件将其背景删除之后，保存为 png 格式。

2）选中“树木 .png”，单击“导入”按钮，将图片导入到 SketchUp 中，如图 3–32 所示。

图 3–32　导入图片

3）使用“旋转”工具，将导入的图片调整到竖向，如图 3–33 所示。

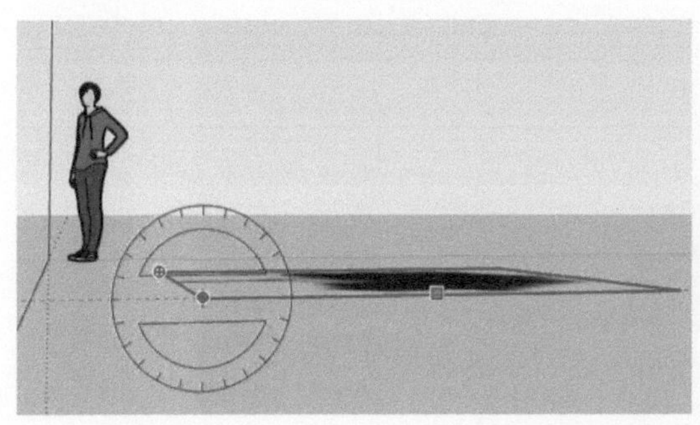

图 3–33 调整图片方向

4）打开阴影开关，此时导入的图片没有阴影，在图片上单击鼠标右键，在下拉列表中选择“炸开模型”，将图片分解，图片出现阴影，如图 3–34 所示。

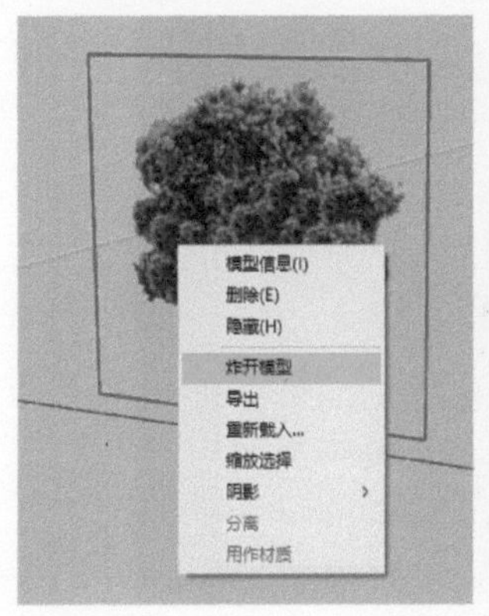

图 3–34 分解图片

5）使用“手绘线”工具，沿着树木外部边缘和树干之间的空隙绘制封闭线条，如图 3–35 所示，然后将植物树干和树叶之外的空白区域删除（图 3–36）。

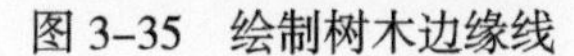
图 3–35 绘制树木边缘线

图 3–36 删除空白区域

6）选择树木及其边线，在上面单击鼠标右键，在下拉列表中选择“创建组件”，在弹出的“创建组件”对话框中定义组件的名为“树木”，如图 3–37 所示。

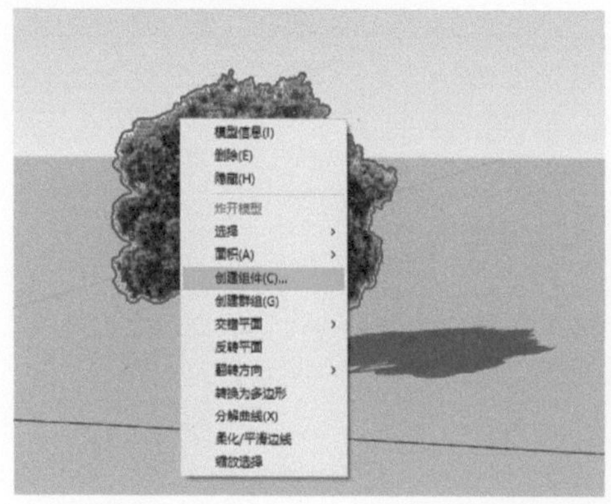

图 3–37　定义树木组件

7）单击“设置组件轴”工具，选择树干底部线中点作为坐标轴原点，重设组件轴，勾选“总是朝向相机”和“阴影朝向太阳”选项框，如图 3–38 所示。

图 3–38　设置组件“对齐”项

8）单击“创建”按钮，则创建了“树木”组件，如图 3–39 所示，双击组件，进入组件内部，进行编辑，如图 3–40 所示。

图 3–39　创建组件

图 3–40　进入组件内部

9）选择树木组件边缘线，在边缘线上单击鼠标右键，在下拉列表中选择“隐藏”，以隐藏组件边线，如图 3–41 所示。

图 3-41　隐藏组件边线

10）鼠标在组件之外的地方单击或按键盘〈Esc〉键，退出组件编辑，如图 3-42 所示。

图 3-42　退出组件编辑

11）在“树木”组件上单击鼠标右键，在下拉列表中选择“另存为”，在弹出的“另存为”对话框中，设置另存组件的名称和保存位置，然后单击“保存”按钮，即可将“树木”组件另存，以便在其他场景调用，如图 3-43 所示。

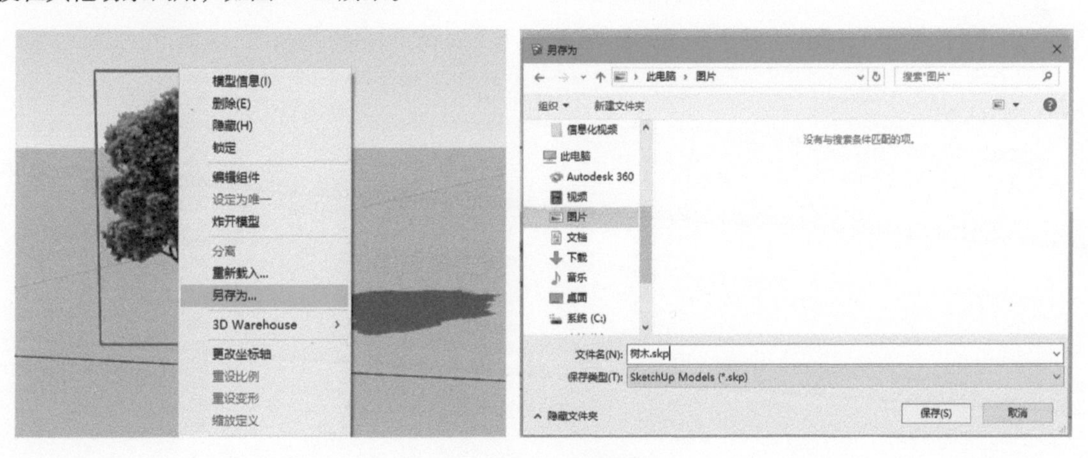

图 3-43　另存组件

3.3 图　层

图层是一个强有力的场景管理工具，通过图层管理可以将不同用途的模型分层管理，查看、定义图层色彩，控制图层可见等，其功能和用法基本与 AutoCAD 中的图层管理功能相似。

图层并没有将对象分隔开，在不同的图层创建物体，并不意味着这个物体不会与别的物体产生联系，只有群组或组件中的物体才会与外部的物体完全分开。

执行“视图”→“工具栏”菜单命令，则弹出“工具栏”对话框，在工具栏下拉列表，选中“图层”复选框，即可调出“图层”工具栏，如图 3–44 所示。选择“窗口”→“默认面板”→“图层”选项，即可在默认面板中查看图层工具面板，如图 3–45 所示。

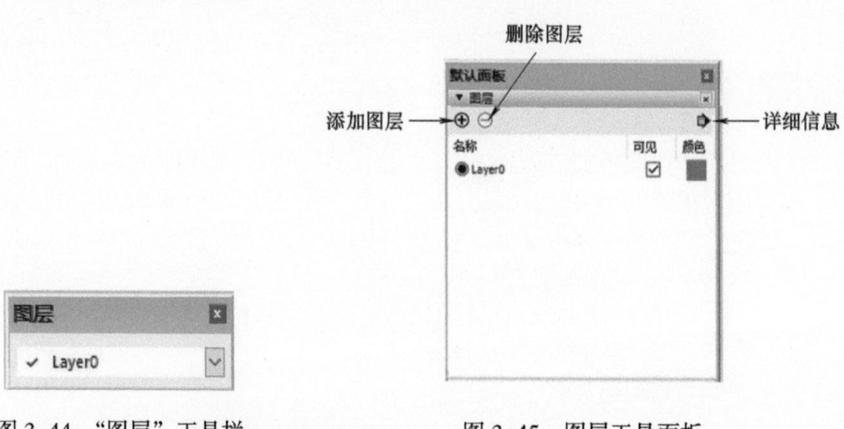

图 3–44　“图层”工具栏

图 3–45　图层工具面板

3.3.1　图层面板

1)“添加图层”按钮：单击可以新建图层，在新建图层的时候，用户可以对新建的图层重命名，同时系统会为每一个新建的图层设置一种不同于其他图层的颜色，如图 3–46 所示。

2)“删除图层”按钮：单击可以将选中的图层删除，如果拟删除的图层中包含了物体，将会弹出一个对话框，询问拟删除图层中物体的处理方式，如图 3–47 所示。

图 3–46　添加图层

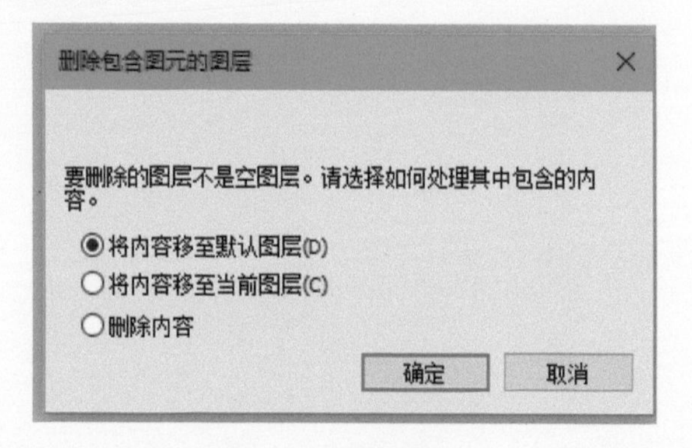

图 3–47　删除图层

3)“详细信息”按钮：单击该按钮将打开扩展菜单，如图 3–48 所示。①全选：该选项可以选中场景中所有的图层。②清除：该选项用于清理所有未使用的图层。③图层颜色：选用了“图层颜色”选项，图层的颜色则会赋予图层中的物体。再次选择“图层颜色”，则可取消显示图层颜色。

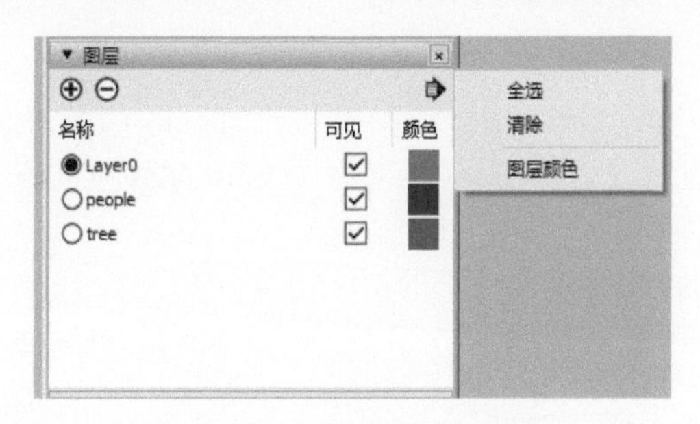

图 3–48 “详细信息”按钮

4）“名称”标签：在“名称”标签下列出了所有图层的名称，图层名称前面的圆内有一个点的表示当前图层，用户可以通过单击单选按钮来设置当前图层。单击图层的名称可以输入新名称，完成输入后按 <Enter> 键确定。

5）“可见”标签：该标签下的选项用于显示或者隐藏图层，选中即表示显示。若想隐藏图层，只需单击该标签取消选中即可。如果将隐藏图层设置为当前图层，则该图层会自动变成可见层。

6）“颜色”标签：该标签下列出了每个图层的颜色，单击颜色色块可以为图层指定新的颜色，默认情况下，场景中的物体不显示图层的颜色。

3.3.2 改变对象图层

改变对象图层常用的方法有 2 种。

1）选中目标对象，通过“图层”工具栏下拉列表，改变对象所在图层，如图 3–49 所示。

2）选中目标对象，右键菜单中执行“图元信息”命令，打开“图层信息”窗口，在该窗口中可以查看选中对象的图元信息，通过“图层”下拉列表改变元素所在的图层，如图 3–50 所示。

图 3–49 “图层”工具栏改变图层

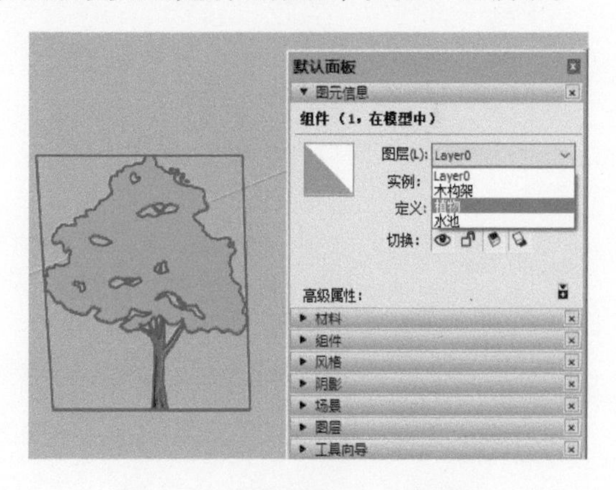

图 3–50 “图元信息”改变图层

3.3.3 实战——为对象指定图层

1）打开本案例素材文件“调整图层 .skp”，该场景人物、座椅、植物、基座、路灯等模型，如

图 3–51 所示。

图 3–51　调整图层场景

2）打开图层管理面板，单击“添加图层”按钮，新建一个图层，并将其命名为“人物”，同样的方法依次新建“座椅”“植物”“基座”“路灯”图层，如图 3–52 所示。

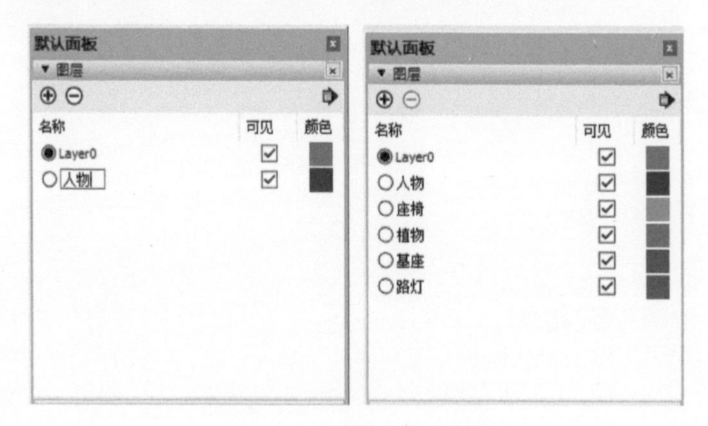

图 3–52　新建并命名图层

3）选择人物组件，然后在“图层”工具栏下拉列表中，选择对应的“人物”图层，将人物组件设置在“人物”图层，同样的方法，将其他组件分别指定在相应的图层，如图 3–53 所示。

图 3–53　指定图层

4）在“图层”管理器中单击“详细信息”按钮，在子菜单中执行“图层颜色”命令，将物体根据图层的颜色显示出来，以不同的颜色来区分出各图层上的物体，如图 3–54 所示。

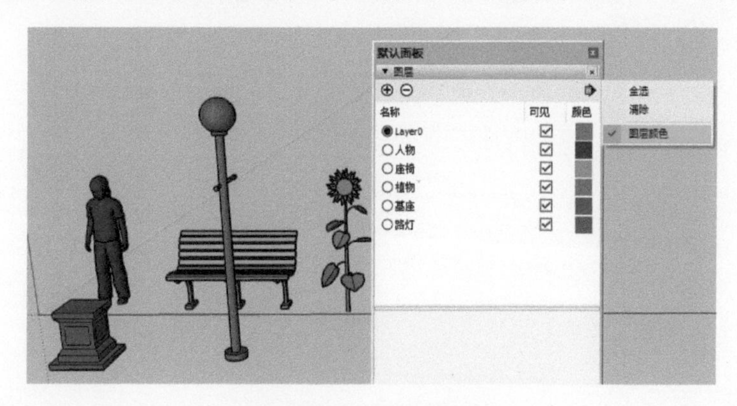

图 3–54 显示图层颜色

5）在这里“植物”和“基座”图层的颜色有些接近。单击“植物”对应的“颜色”按钮，弹出“编辑材质”对话框，在“绿色”区域单击键拾颜色，再单击“确定”按钮，植物颜色变成了绿色，如图 3–55 所示。

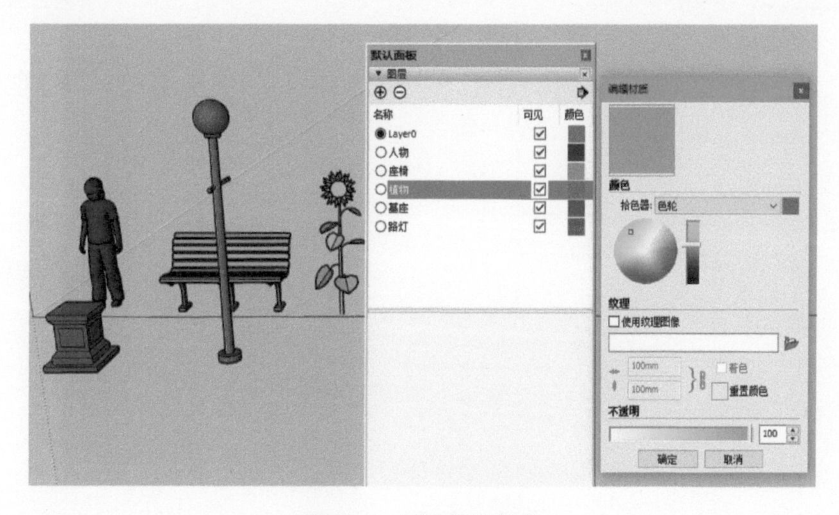

图 3–55 更改图层颜色

3.4 场景与动画

3.4.1 场景

SketchUp 中场景可以用于保存视图，场景页面可以存储显示设置、图层设置、阴影和视图等，通过绘图窗口上方的场景标签可以快速切换场景显示。

执行“视图”→“动画”→“添加场景”，如图 3–56 所示，在绘图栏上方新增一条页面栏，显示新增场景名称为“场景号 1”，在场景号上单击鼠标右键，可对场景进行“左移”“右移”“添加”“更新”“删除”等操作，如图 3–57 所示，选择“添加”，可添加新场景，并自动命名。

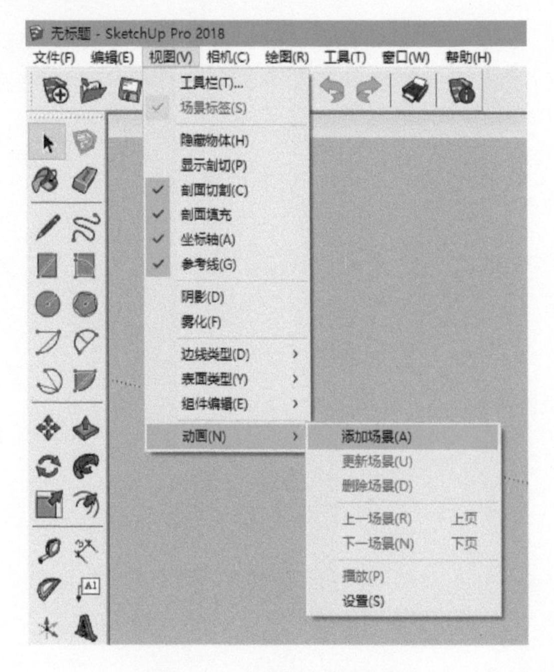

图 3–56 菜单栏添加场景

图 3–57 右击场景编号

选择“窗口”→“默认面板”→“场景”选项，打开“场景”管理面板，同样可对场景进行编辑，如图 3–58 所示。

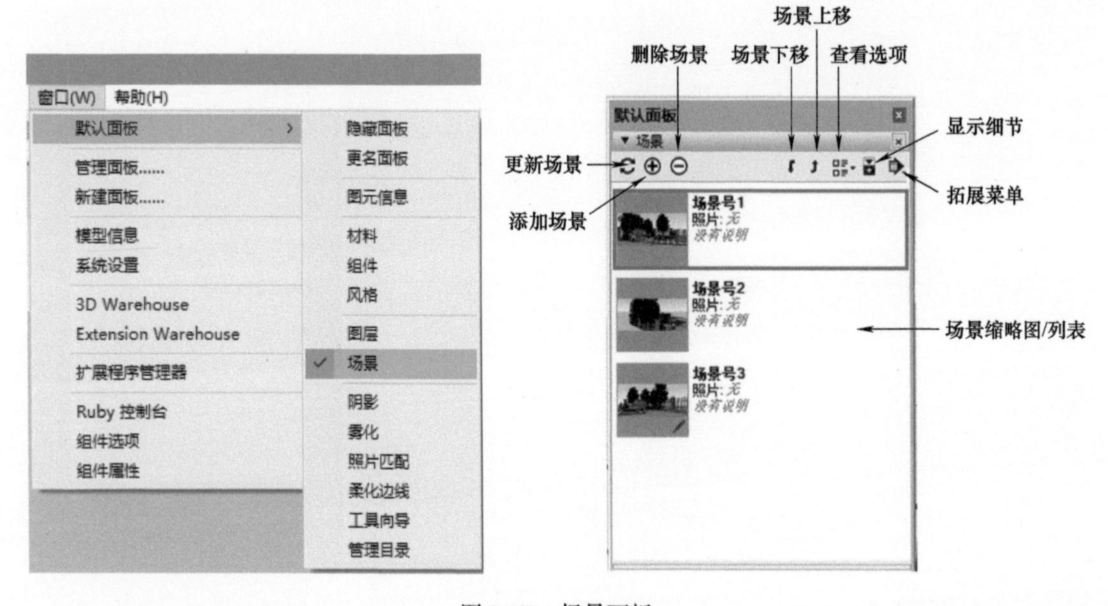

图 3–58 场景面板

场景面板功能介绍：

①“更新场景”：如果对场景进行了改变，则需要单击该按钮进行更新，同在场景号标签上单击鼠标右键，执行“更新场景”命令效果一样。

②“添加场景”：将在当前相机镜头设置下添加一个新的场景，对应场景号标签右键菜单中的“添加”。

③“删除场景”：将删除选择的场景，对应场景号标签右键菜单中的“删除”。

④“场景下移”和“场景上移”：移动场景的前后位置，对应场景号标签右键菜单中的“左移”和“右移”命令。

⑤“查看选项”：改变场景视图在“场景”设置面板中的显示方式，在场景数量多时，可以快速准确找到所需场景。

⑥“显示细节”：显示或隐藏场景的属性信息。

3.4.2 动画

SketchUp 的动画主要通过场景页面来实现，在不同页面场景之间可以平滑地过渡雾化、阴影、背景和天空等效果。

（1）页面展示

对于设置好的场景页面，可以进行动画页面演示。场景页面设置时，注意相邻页面之间的视角与视距不要相差太远，数量也不宜太多，能充分表达设计意图的代表性页面即可。

执行“视图”→“动画”→“设置”菜单命令，打开“模型信息”对话框“动画”选项，勾选“开启场景过度”，设置页面切换时间和场景定格时间，如图 3-59 所示，为了动画播放流畅，一般将“场景暂停”设置为“0”秒。

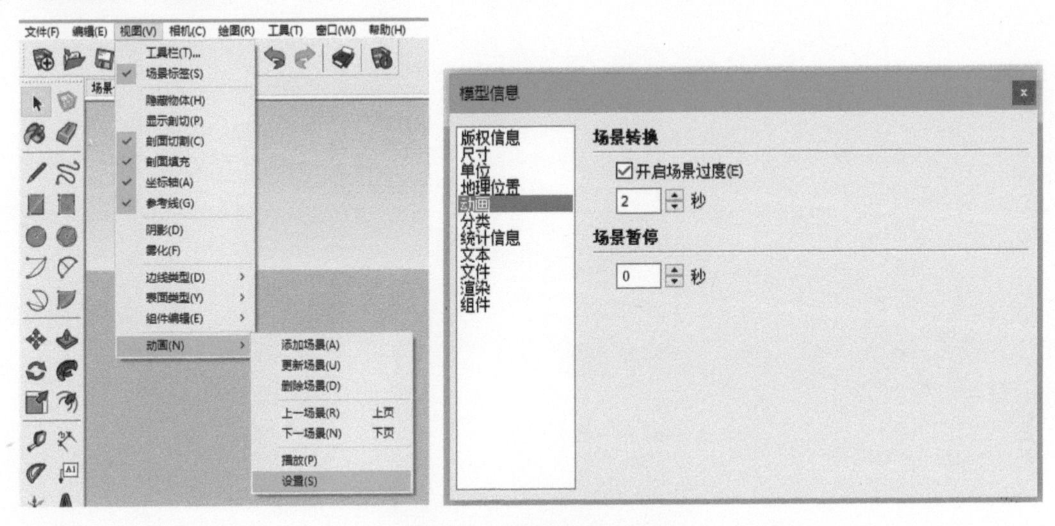

图 3-59 场景页面展示设置

执行“视图”→“动画”→“播放”菜单命令，弹出“动画”对话框，同时开始动画演示，可对动画演示进行“播放”和“停止”操作，如图 3-60 所示。

（2）导出视频

对场景页面展示的效果基本满意后，可以导出画面更加流畅的动画文件，这是因为导出视频文件时，SketchUp 会使用额外的时间来渲染更多的帧，以保证画面的流畅播放。

执行“文件”→“导出”→“动画”→“视频”菜单命令，弹出“输出动画”对话框，在这里设置保存的路径、名称和选择导出视频的格式，如图 3-61 所示。

单击“选项”按钮，打开“动画导出选项”对话框，如图 3-62 所示，对动画导出选项进行设置，设置完成后，单击“确定”回到“输出动画”对话框，单击“导出”按钮，此时将弹出导出进程对话框，如图 3-63 所示，待进度达到 100%，动画即被成功导出。

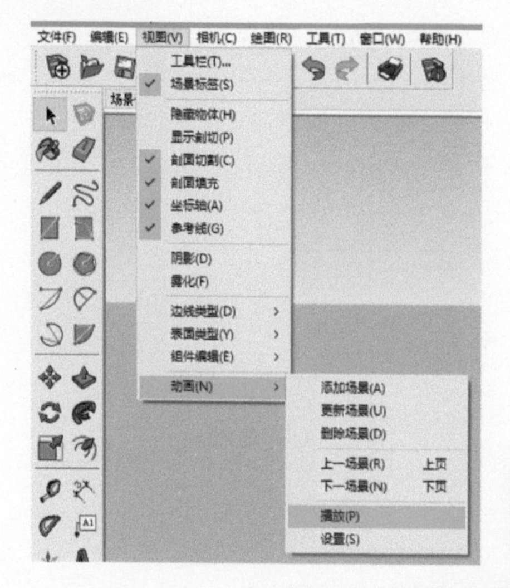

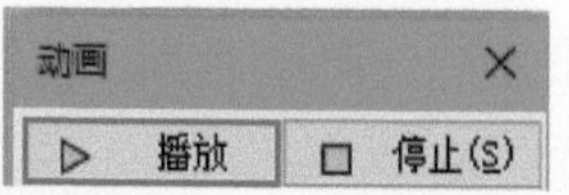

图 3-60　场景页面播放

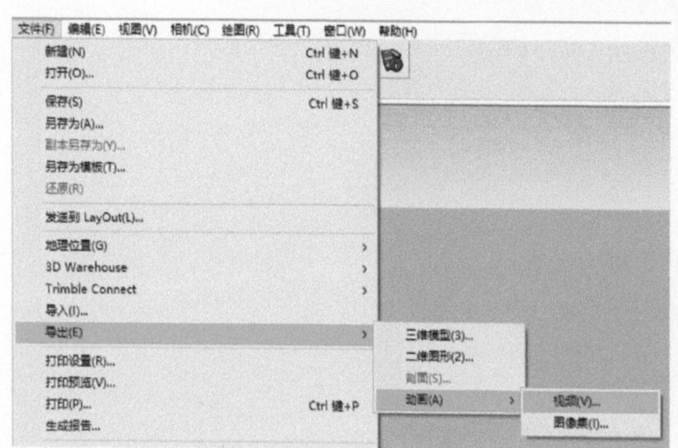

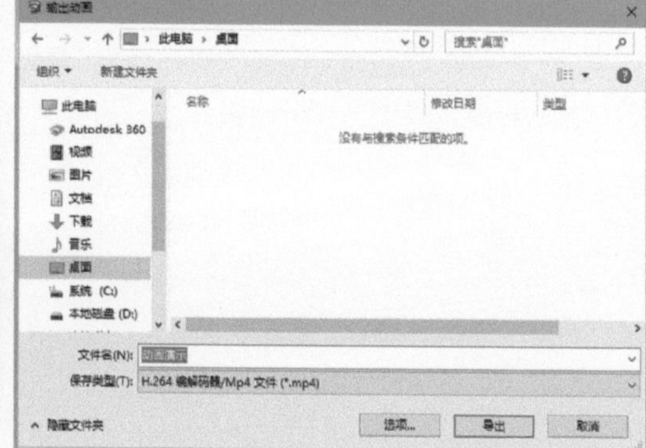

图 3-61　启动“输出动画”对话框

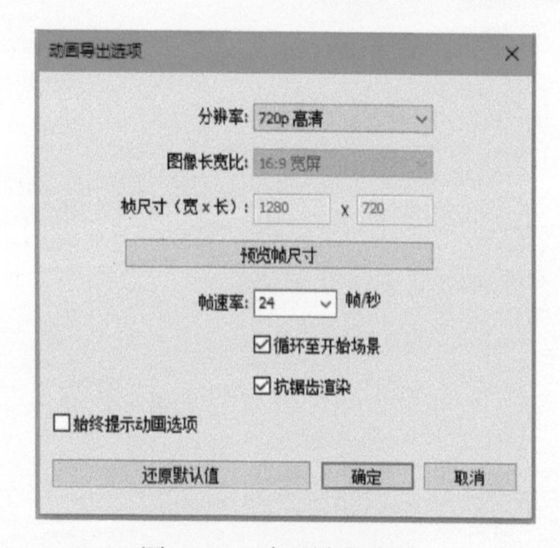

图 3-62　动画导出选项

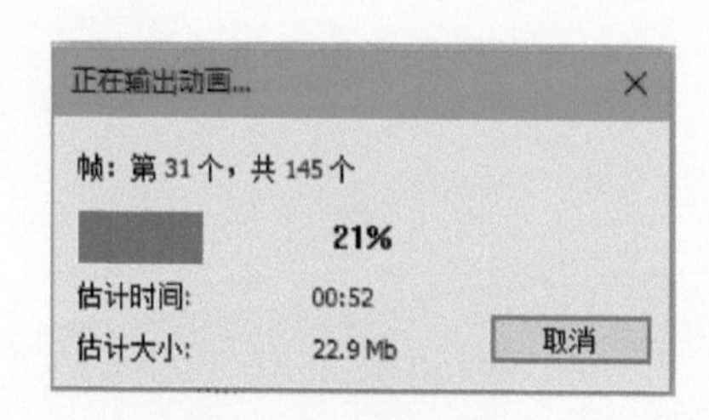

图 3-63　导出进程

“动画导出选项”对话框功能介绍：

① 分辨率：包含“1080p 全高清”“720p 高清”“480p 标准”和“自定义”4 个选项，清晰度越高动画效果越好，相应的导出时间也越长，当选择“自定义”选项时，可对动画“图像长宽比”和“帧尺寸”进行设置。

② 帧速率：每秒产生的帧画面数。帧数与渲染时间以及视频文件大小呈正比，帧数值越大，渲染所花费的时间以及输出后的视频文件就越大。5 帧 / 秒通常用来渲染粗糙的动画来预览效果，帧数设置为 8~10 帧 / 秒是画面连续的最低要求，12~15 帧 / 秒既可以控制文件的大小也可以保证流畅播放，24 ~30 帧 / 秒的设置就相当于“全速”播放。

③ 循环至开始场景 ：选中该复选框可以从最后一个页面倒退到第一个页面，创建无限循环的动画。

④ 抗锯齿渲染：选中该复选框后，SketchUp 会对导出的图像作平滑处理，需要更多的导出时间，但是可以减少图像中的线条锯齿。

⑤ 始终提示动画选项：选中该复选框，在创建视频文件之前总是先显示这个选项对话框。

（3）导出图像集

操作方法与导出视频基本一致，导出的结果为批量图片。

3.5 截面工具

“截面”工具可用于生成场景物体的剖面，以方便观察物体的剖面和内部结构，剖面可以导出为 AutoCAD 的 DWG 格式。

执行“视图”→“工具栏”→“截面”菜单命令，可调出“截面”工具栏，如图 3-64 所示，工具栏包括“剖切面”“显示剖切面”“显示剖切面切割”“显示剖切面填充”4 个按钮。

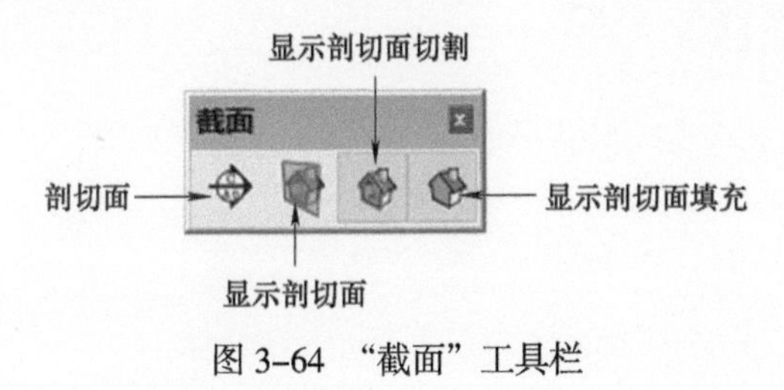

图 3-64 “截面”工具栏

3.5.1 剖切面

单击“剖切面”工具，出现“放置剖切面”对话框，如图 3-65 所示，可以对剖面命名和编号，单击“放置”按钮，光标处会出现一个剖切符号，移动光标到几何体上，剖切面会自动对齐到所在表面上，然后单击放置该剖切面符号，即可创建剖切面，如图 3-66 所示。

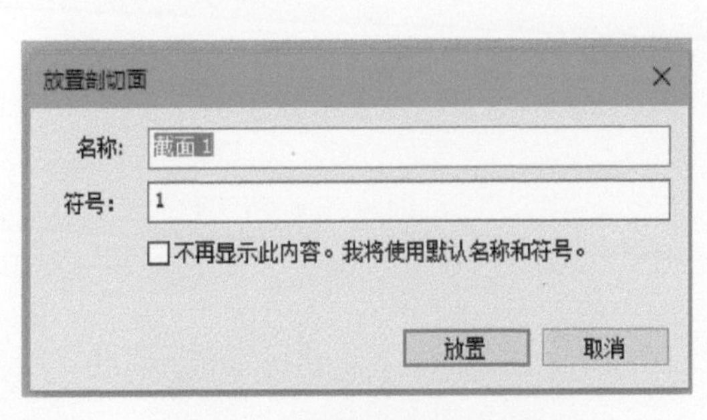

图 3-65 “放置剖切面”对话框

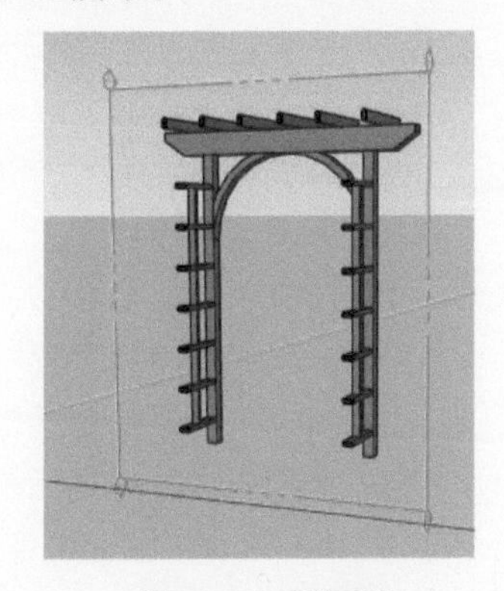

图 3-66 剖切面

3.5.2 显示剖切面

显示剖切面工具，用于快速显示和隐藏所有的剖切面符号，如图 3–67 所示。

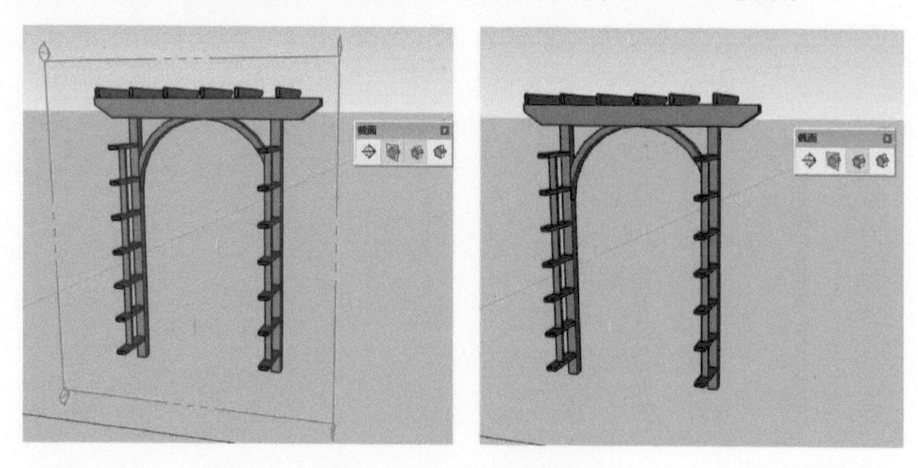

图 3–67 显示 / 隐藏剖切面

3.5.3 显示剖切面切割

显示剖切面切割工具，用于在剖切视图和完整模型视图之间切换，如图 3–68 所示。

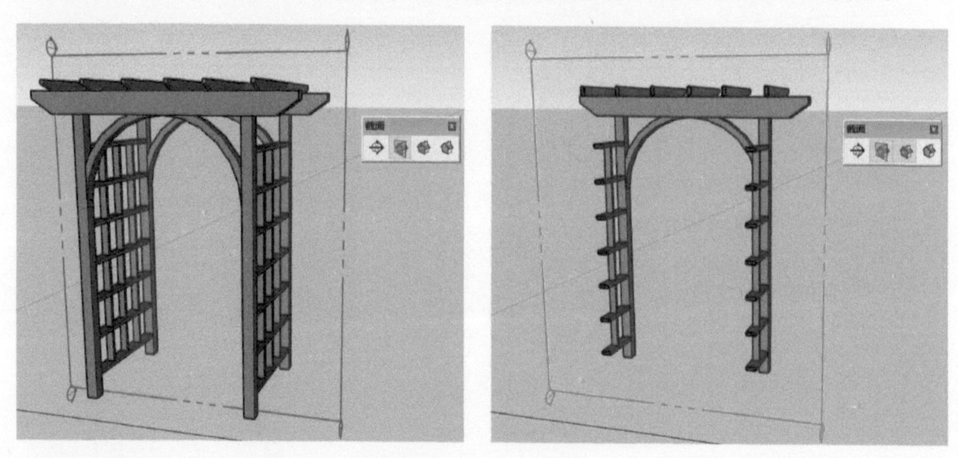

图 3–68 剖切面切割

（1）活动剖切面

在同一场景中存在多个剖面时，默认以最后创建的剖面为活动剖面，其他剖面会自动变为不活动剖面，颜色会变为灰色，同时切割面会消失。当需要切换活动剖面时，使用“选择”工具，在需要激活的剖面上双击，或在剖面上单击鼠标右键，在弹出的菜单中选择“显示剖切”，如图 3–69 所示。

（2）移动和旋转剖面

与编辑其他实体一样，使用“移动”和“旋转”工具可以对剖面进行移动和旋转操作，以得到不同的剖切效果，如图 3–70 所示。

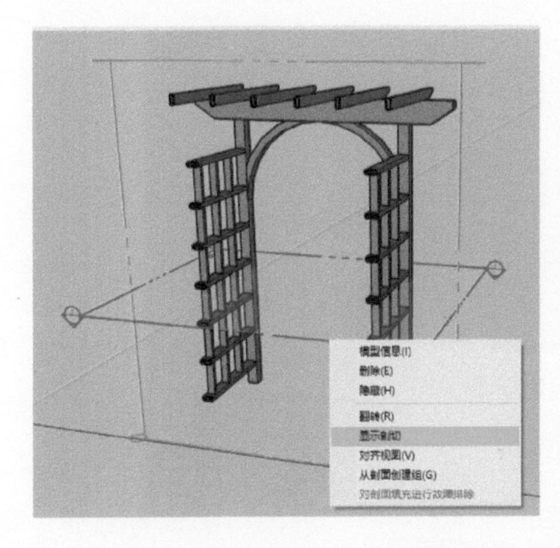

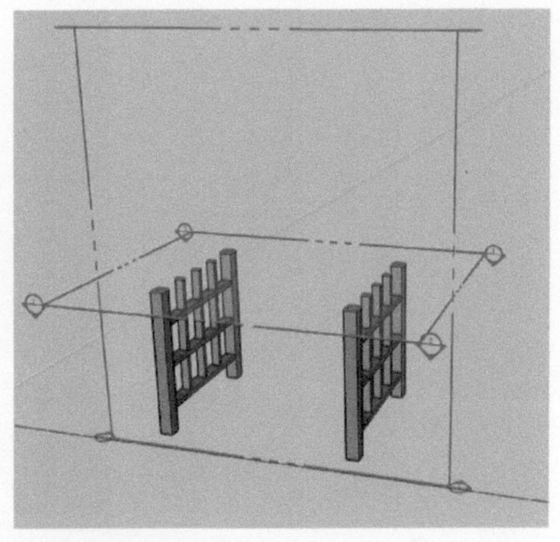

图 3-69　切换活动剖面

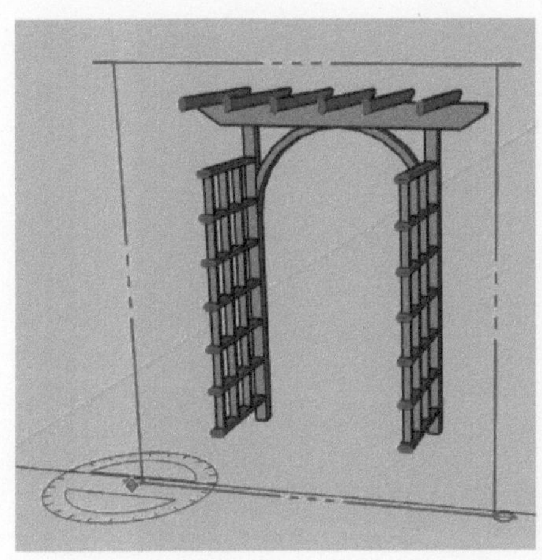
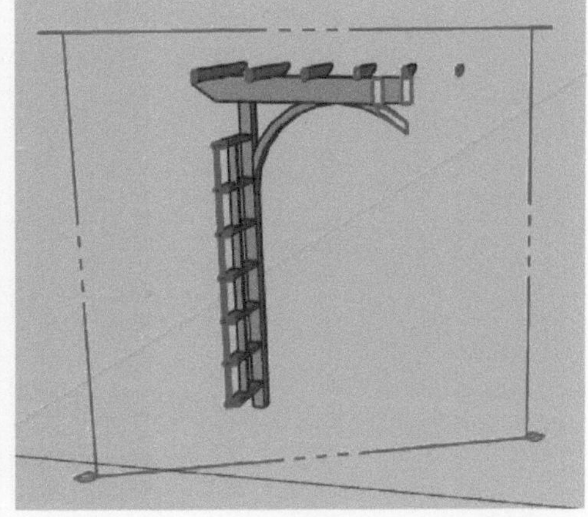

图 3-70　旋转剖切面

（3）翻转剖切方向

在剖切面上单击鼠标右键，然后在弹出的菜单中执行“翻转”命令，可以翻转剖切的方向，如图 3-71 所示。

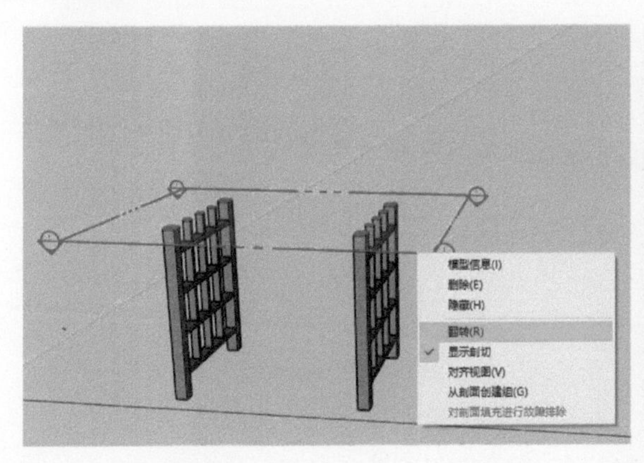

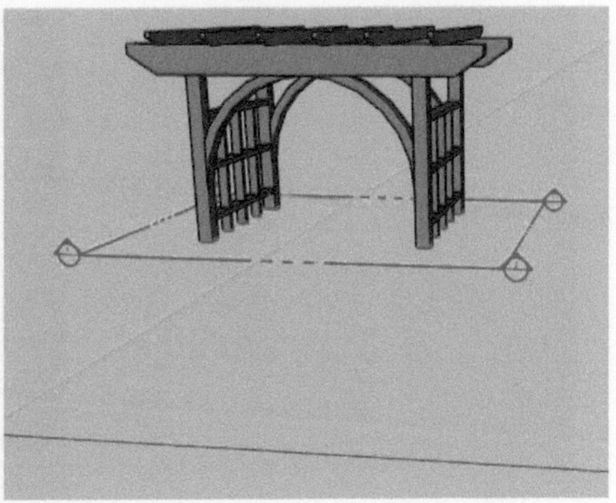

图 3-71　翻转剖切面

（4）剖面对齐到视图

在剖切面上单击鼠标右键，然后在弹出的菜单中执行“对齐视图”命令，可将剖面对齐到屏幕，如图 3–72 所示。

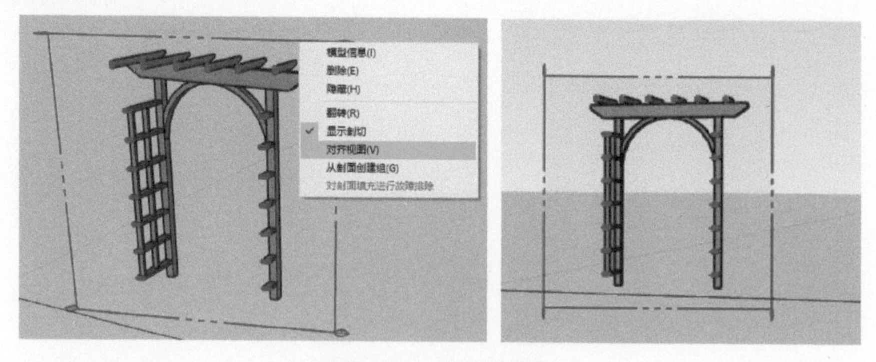

图 3–72　对齐到视图

（5）从剖面创建组

在剖切面上单击鼠标右键，然后在弹出的菜单中执行“从剖面创建组”命令，在剖面与模型的表面相交位置会产生新的边线，新边线默认为“组”格式，如图 3–73 所示。

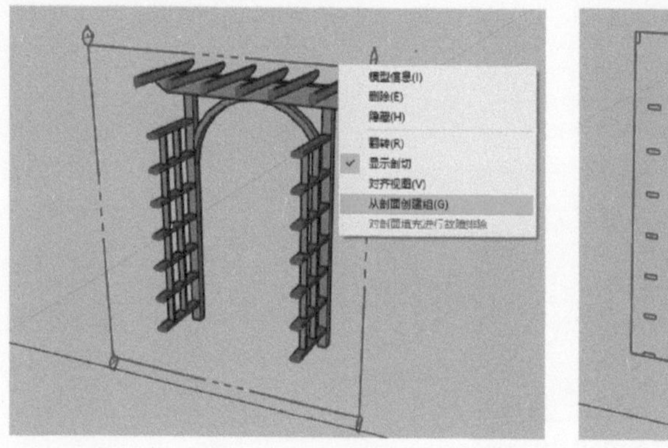

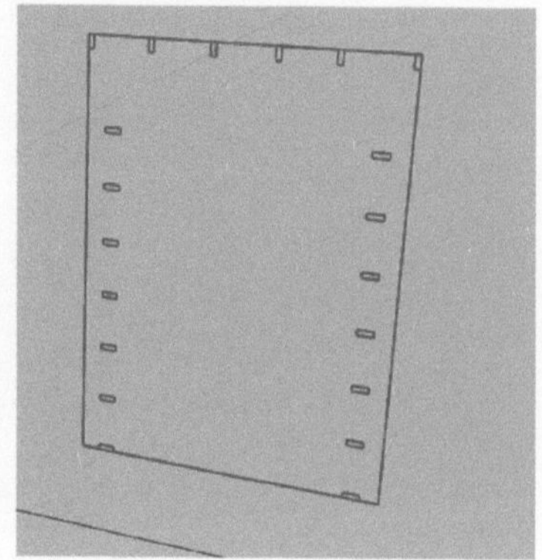

图 3–73　从剖面创建组

（6）剖面的删除

选择剖面，按〈Delete〉键或在剖面上单击鼠标右键，在弹出的菜单中选择“删除”，即可删除剖面，如图 3–74 所示。

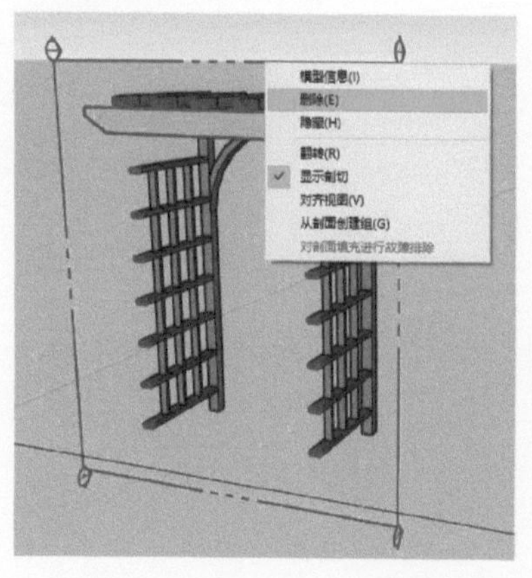

图 3–74　删除剖面

3.5.4 显示剖切面填充

显示剖切面填充，可切换剖面是否填充，如图 3–75 所示。

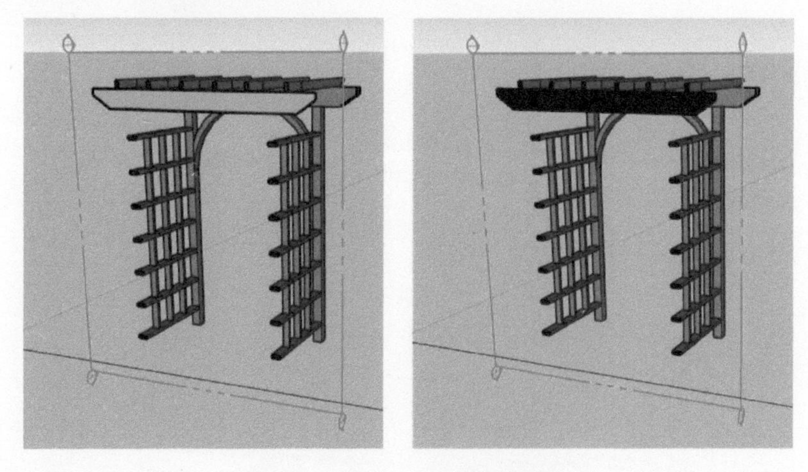

图 3–75 关闭 / 显示剖切面填充

3.5.5 截面导出

激活需要导出的截面，执行“文件”→“导出”→“剖面”菜单工具，如图 3–76 所示，弹出“输出二维剖面”对话框，可设置保存位置和名称，如图 3–77 所示。

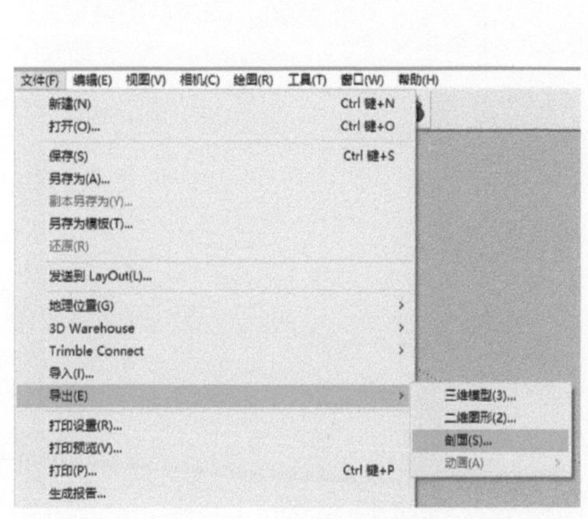

图 3–76 导出剖面菜单

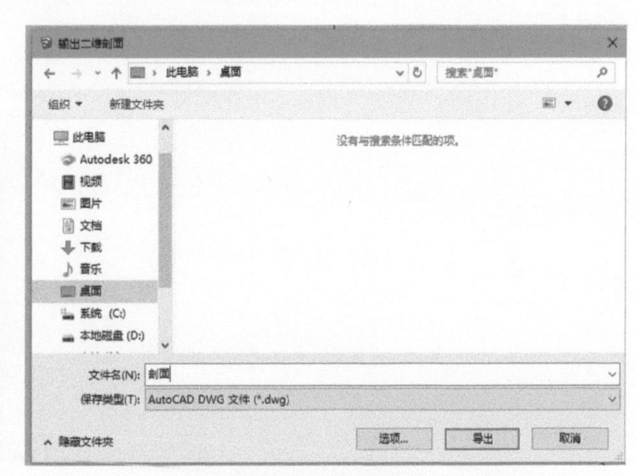

图 3–77 “输出二维剖面”对话框

单击“选项”，弹出“二维剖面选项”对话框，如图 3–78 所示，设置完成后单击“确定”按钮，回到“输出二维剖面”对话框，单击“导出”，即可将剖面导出为 AutoCAD 格式图。

“二维剖面选项”对话框功能介绍：

①正截面（正交）：导出结果为截面正投影图。

②屏幕投影（所见即所得）：导出结果为在当前屏幕所看到的图形。

③ AutoCAD 版本：可选择导出文件的版本。

④图纸比例与大小：用于设置导出截面图形的尺寸。

⑤剖切线：设置所导出的截面线的宽度。

⑥始终提示剖面选项：选中该复选框，在导出剖切面之前总是先显示这个选项对话框。

图 3–78 “二维剖面选项”对话框

3.5.6 实战——制作生长动画

1）打开“户外景墙 .SKP”，执行“视图”→“工具栏”→“截面”菜单命令，调出“截面”工具栏，单击“剖切面”工具，设置新建剖切面的名称和符号，在景墙底部位置创建第一个剖切面，如图 3–79 所示。

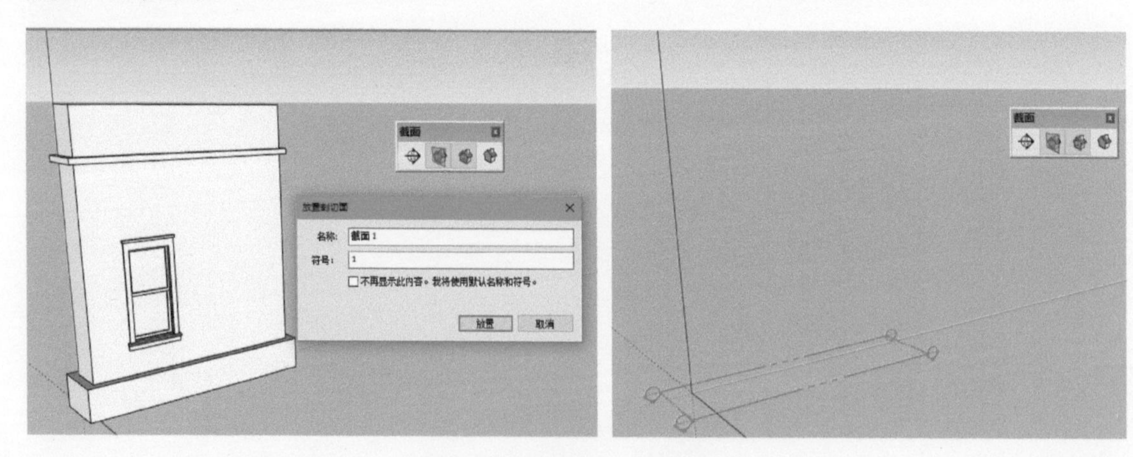

图 3–79 创建第一个剖切面

2）单击“显示剖切面切割”工具，关闭剖切面切割，如图 3–80 所示，选中剖面，单击“移动”工具，按 <Ctrl> 键，将剖面复制到景墙顶部，在“数值控制框”输入“/5”，可复制出 5 个间隔相等的剖面，如图 3–81 所示。

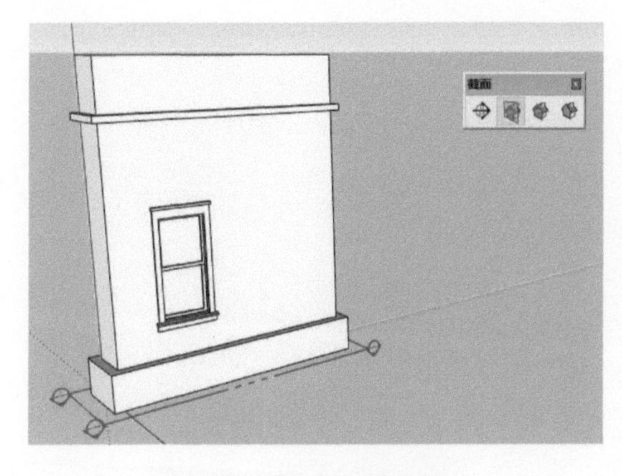

图 3-80　关闭剖切面切割

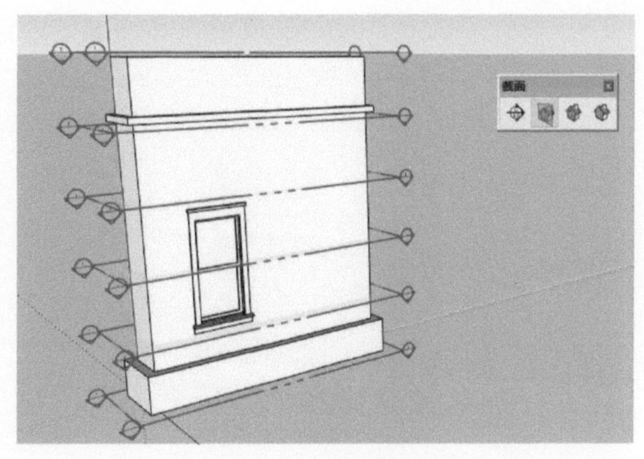

图 3-81　复制剖切面

3）双击底部剖切面，将其激活，如图 3-82 所示，单击“显示剖切面”工具，关闭剖切面，执行“视图”→“动画”→“添加场景”添加“场景号 1”，如图 3-83 所示。

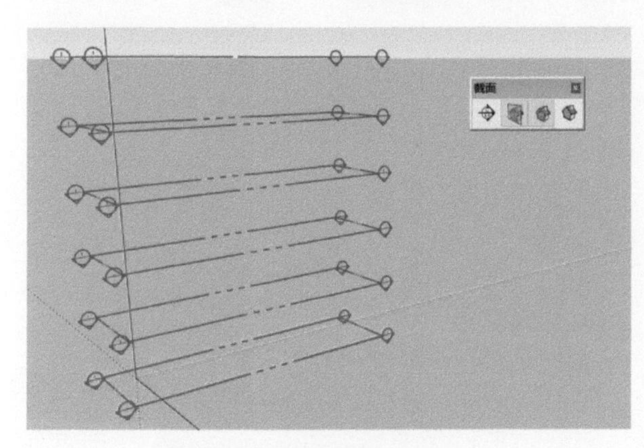

图 3-82　激活底部剖切面

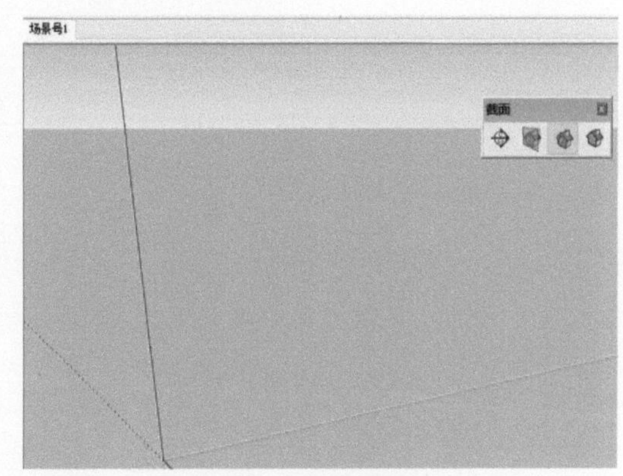

图 3-83　添加场景号 1

4）单击“显示剖切面”工具，显示剖切面，双击底部第 2 个剖切面，将其激活，如图 3-84 所示，接着单击“显示剖切面”工具，关闭剖切面，然后在“场景号 1”上单击鼠标右键，在弹出的菜单中选择“添加”，添加“场景号 2”，如图 3-85 所示。

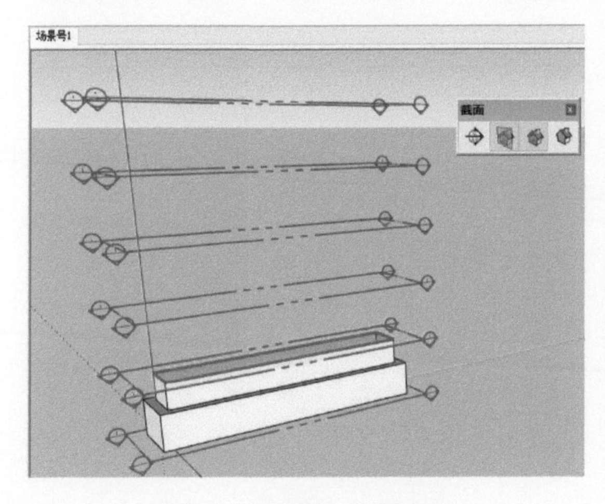

图 3-84　激活第 2 个剖切面

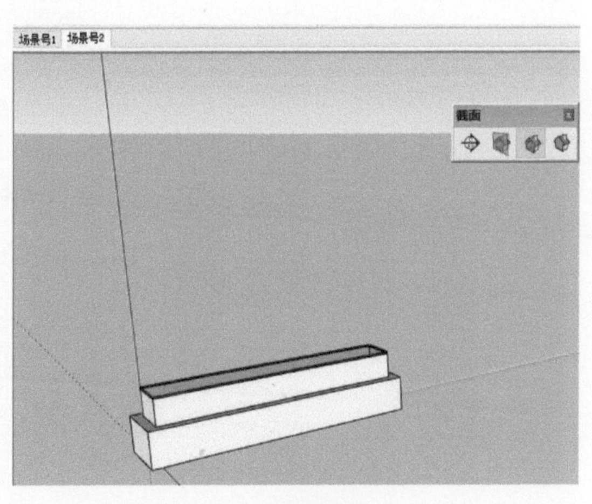

图 3-85　添加场景号 2

5）使用与添加“场景号 2”同样的方法，依次从下往上激活其余 4 个剖切面并添加相应的场景，如图 3-86 ~ 图 3-89 所示。

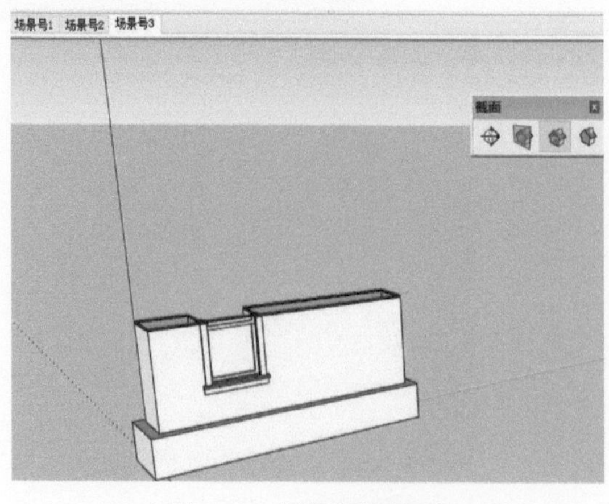

图 3-86　添加场景号 3

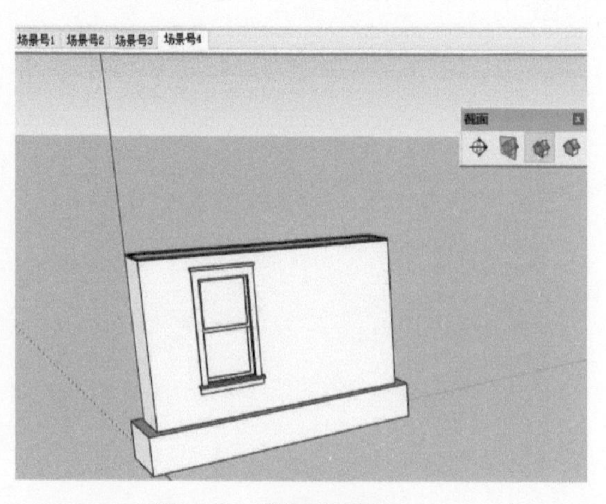

图 3-87　添加场景号 4

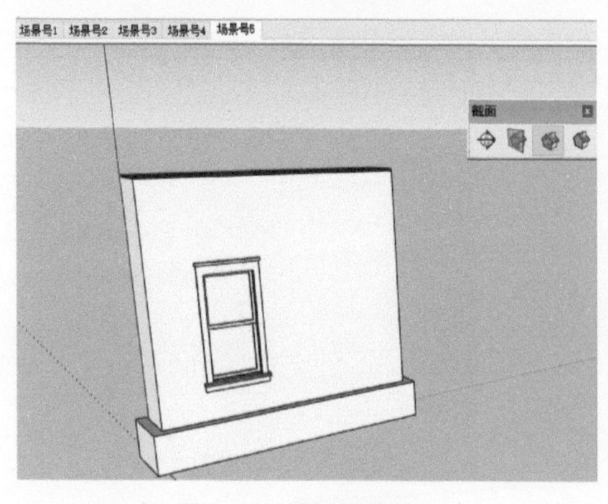

图 3-88　添加场景号 5

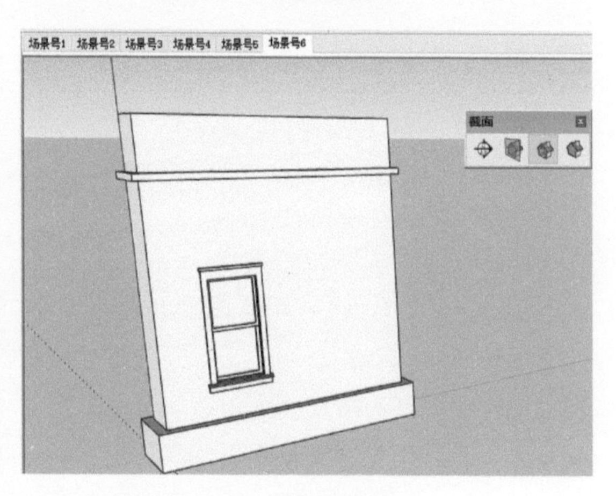

图 3-89　添加场景号 6

6）执行“视图”→“动画”→“设置”菜单命令，打开“模型信息”对话框“动画”选项，勾选“开启场景过度”，设置页面切换时间为“2”和场景暂停时间为“0”，如图 3-90 所示，执行“视图”→“动画”→“播放”菜单命令，查看动画效果，如图 3-91 所示。

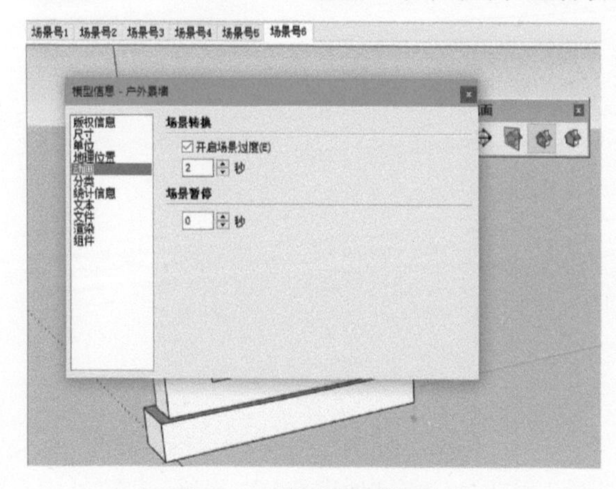

图 3-90　动画时间设置

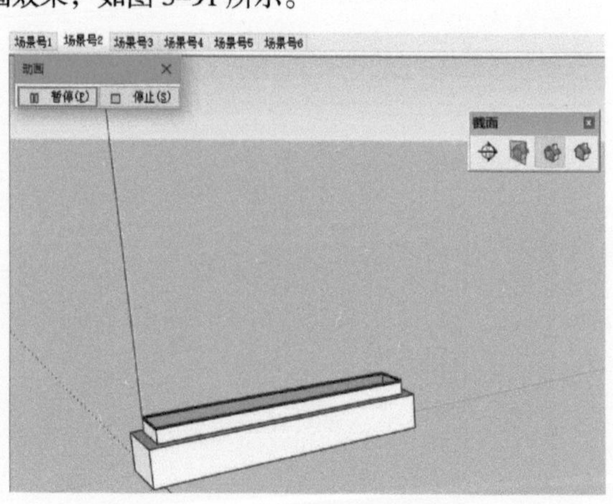

图 3-91　查看动画效果

7）执行“文件”→“导出”→“动画”→“视频”菜单命令，在弹出的“输出动画”对话框，设置保存的路径、名称，选择导出视频的格式为“*.mp4”，单击“选项”按钮，打开“动画导出选项”对话框，选择分辨率为“720p 高清”，帧速率为“15”，取消“循环至开始场景”复选框，如图 3-92 所示，单击“确定”回到“输出动画”对话框，单击“导出”按钮。

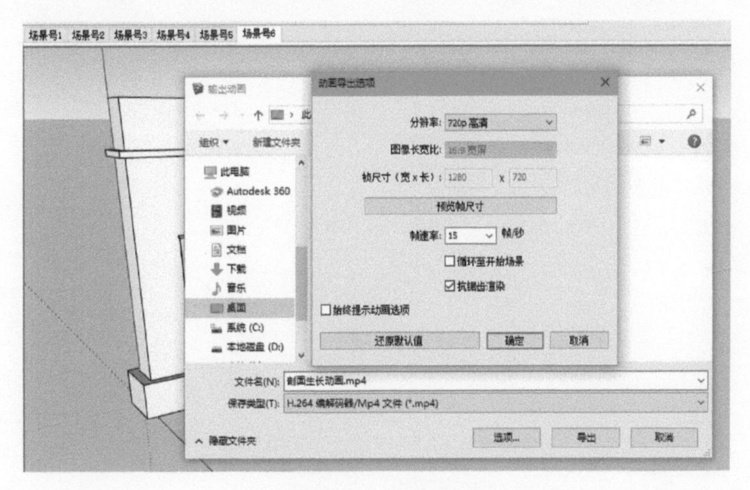

图 3-92　导出动画

8）播放导出的视频文件，即可查看动画效果，如图 3-93 所示。

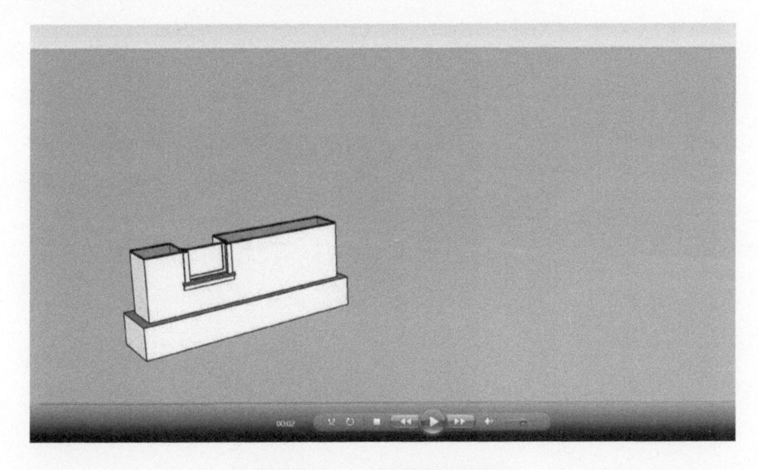

图 3-93　查看动画效果

3.6 阴影工具

SketchUp 阴影可体现物体的光照和阴影关系，设置相应的地理位置或精确经纬坐标，以及具体日期、时间，可以很快地模拟一年四季、一天四时的光影效果。

3.6.1 地理位置设置

选择“窗口”→“模型信息”菜单命令，在弹出的对话框中选择“地理位置”选项，如图 3-94

所示，单击“高级设置”参数栏中的“手动设置位置”按钮，可手动输入地理位置，如图 3–95 所示。

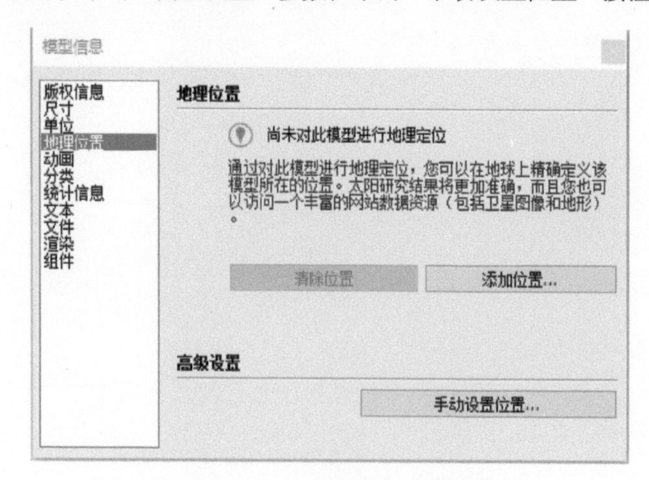

图 3–94 “地理位置”选项框

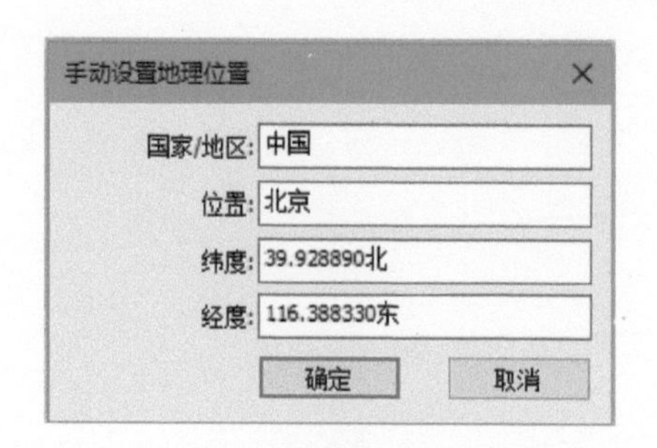

图 3–95 “手动设置地理位置”对话框

3.6.2 阴影设置

（1）“阴影”工具栏

执行“视图”→“工具栏”菜单命令，可调用出“阴影”工具栏，如图 3–96 所示，通过“阴影”工具栏，可启用 / 关闭阴影，如图 3–97 和图 3–98 所示，对日期、时间等参数进行调整。

图 3–96 “阴影”工具栏

图 3–97 启用阴影

图 3–98 关闭阴影

（2）阴影面板

在默认面板中启用阴影面板，阴影面板包含“阴影”工具栏所有功能，如图 3–99 所示，阴影面板第一个参数为 UTC 时区调整，北京所在时区为东八区，在 SketchUp 中则对应地调整为“UTC+08:00”。

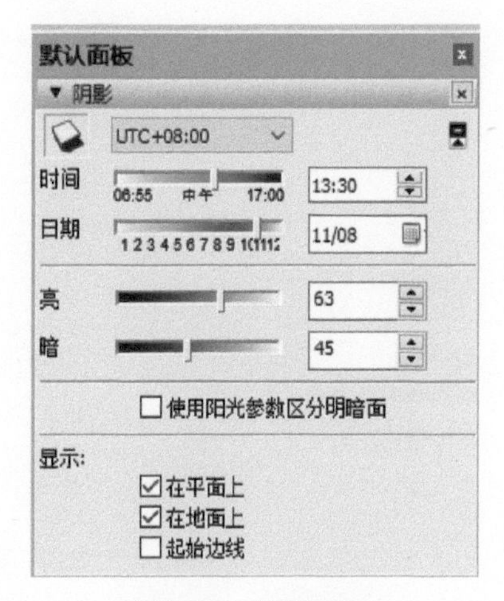

图 3-99　阴影面板

阴影面板功能介绍：

①在时间和日期等参数保持不变的情况下，“亮”和“暗”的滑块可分别调整场景亮部区域和暗部区域的亮度，数值越小越暗，数值越大越亮。

②“显示”选项有“在平面上”“在地面上”和“起始边线”3 种模式。“在平面上”表示物体可在其他物体表面产生阴影；“在地面上”表示物体模型可在地面产生阴影，两者不可同时取消。仅勾选“在平面上”、仅勾选“在地面上”和两者均勾选的对比，如图 3-100 ~ 图 3-102 所示。

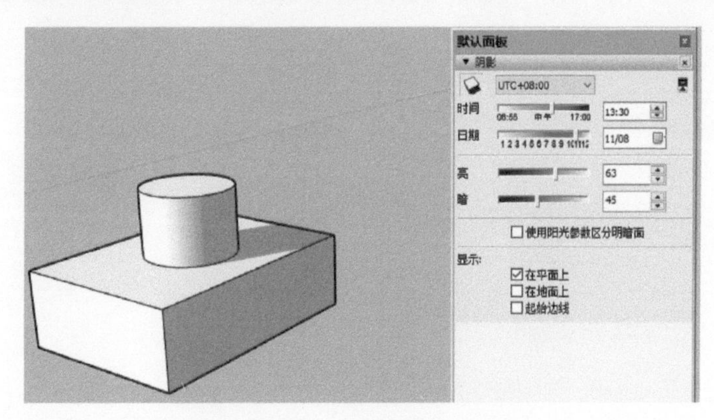

图 3-100　仅勾选“在平面上”

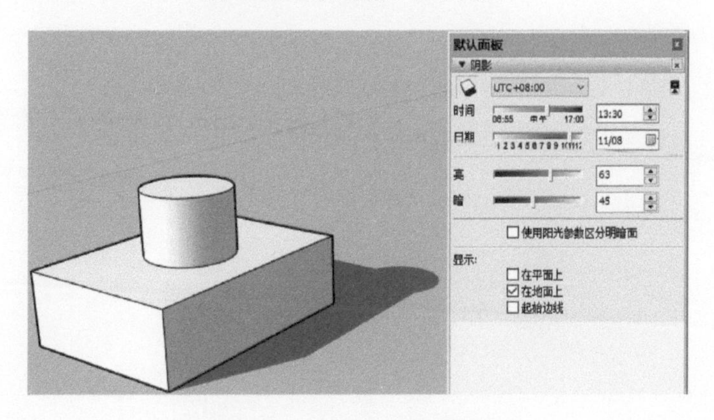

图 3-101　仅勾选“在地面上”

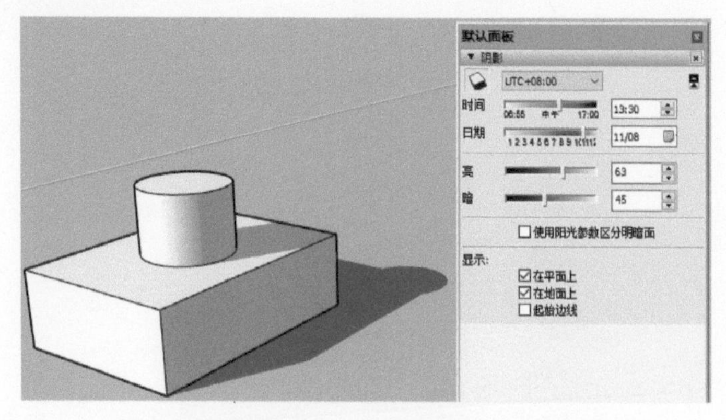

图 3–102 “在平面上”和“在地面上”均勾选

（3）阴影透明度限制

当物体材质为半透明时，如果材质的不透明度小于 70%，系统认定是透明体，不产生阴影，如图 3–103 所示；不透明度大于 70% 时，产生阴影，如图 3–104 所示。

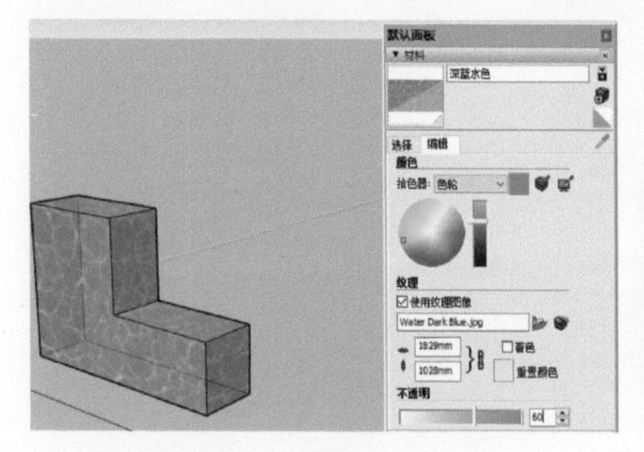

图 3–103 不透明度小于 70%

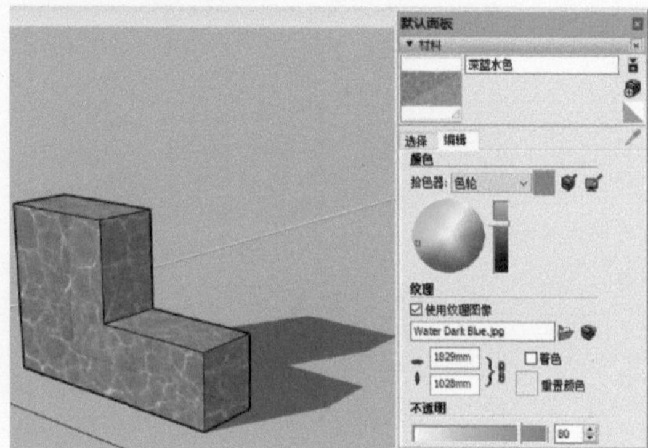

图 3–104 不透明度大于 70%

3.6.3 实战——制作阴影动画

1）打开“艺术拱门 .SKP”，在阴影设置面板中启用阴影，设置日期为 10 月 1 日，时间为 7 点，如图 3–105 所示。

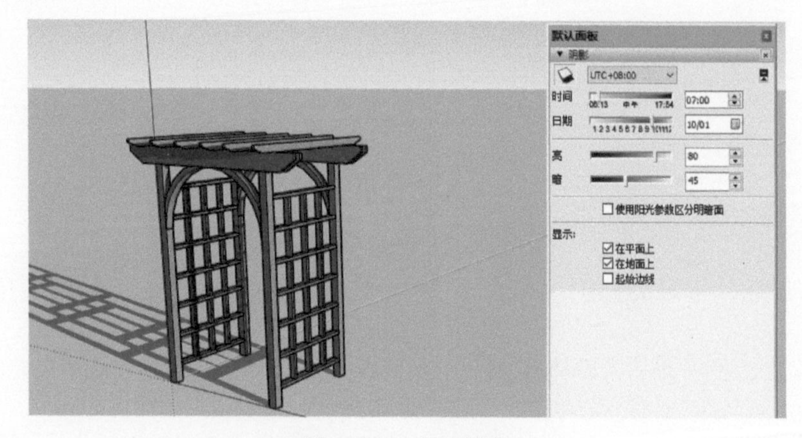

图 3–105 启用阴影

2）执行“视图”→“动画”→“添加场景”添加“场景号 1”，如图 3–106 所示。

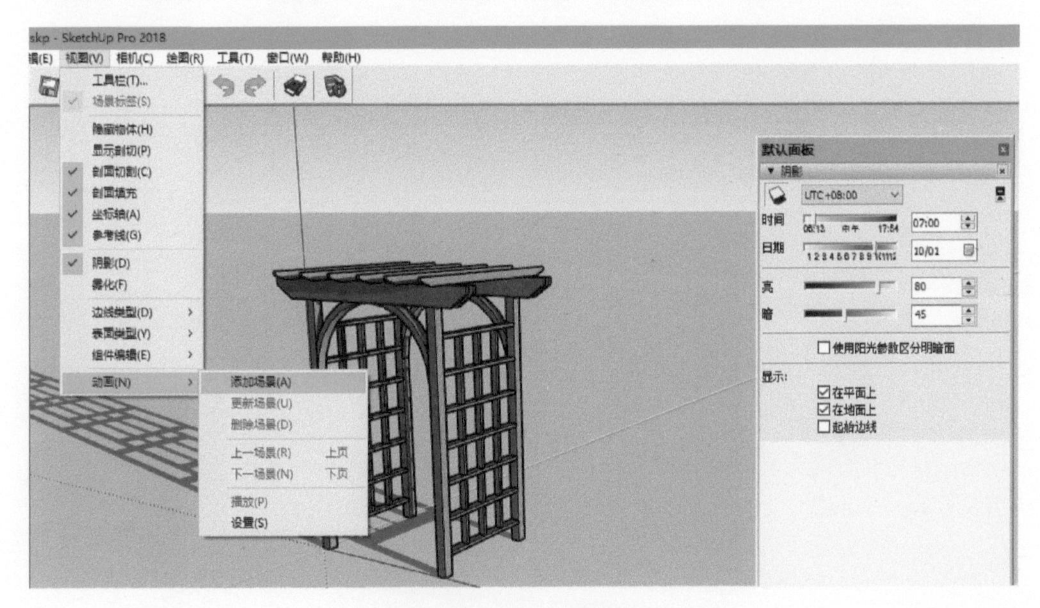

图 3–106　添加“场景号 1”

3）设置时间为 9 点，在“场景号 1”上单击鼠标右键，在弹出的菜单中，选择“添加”，添加“场景号 2”，如图 3–107 所示。

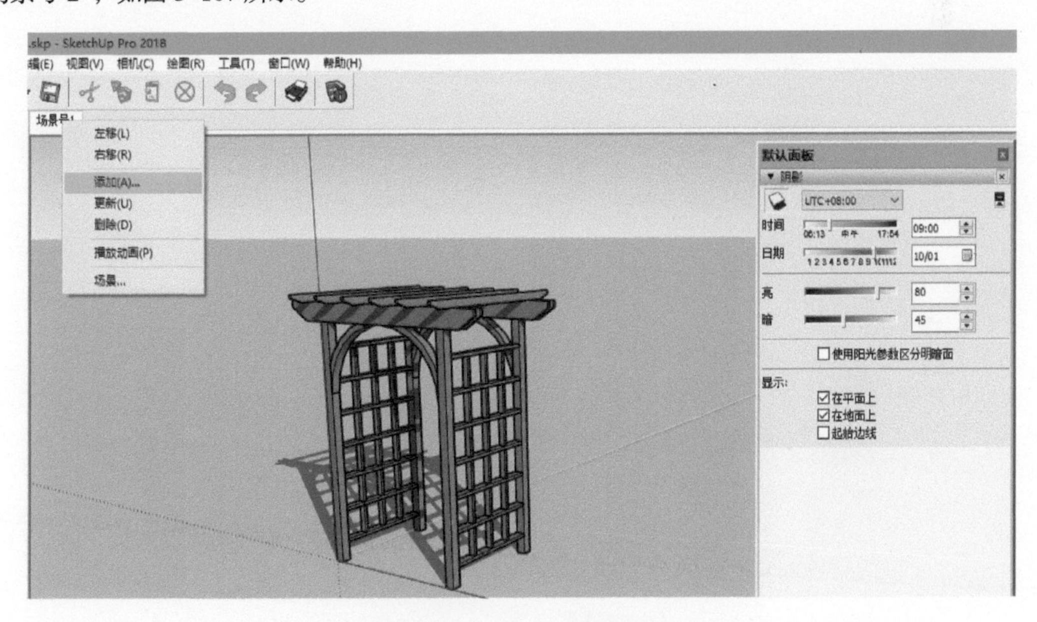

图 3–107　添加“场景号 2”

4）同样的方法，依次为 11 点、13 点、15 点、17 点分别添加场景，如图 3–108 所示。

5）执行“视图”→“动画”→“设置”菜单命令，打开“模型信息”对话框“动画”选项，勾选“开启场景过度”，设置页面切换时间为“2”和场景暂停时间为“0”，如图 3–109 所示，执行“视图”→“动画”→“播放”菜单命令，查看动画效果，如图 3–110 所示。

6）执行“文件”→“导出”→“动画”→“视频”菜单命令，导出阴影动画（图 3–111）。

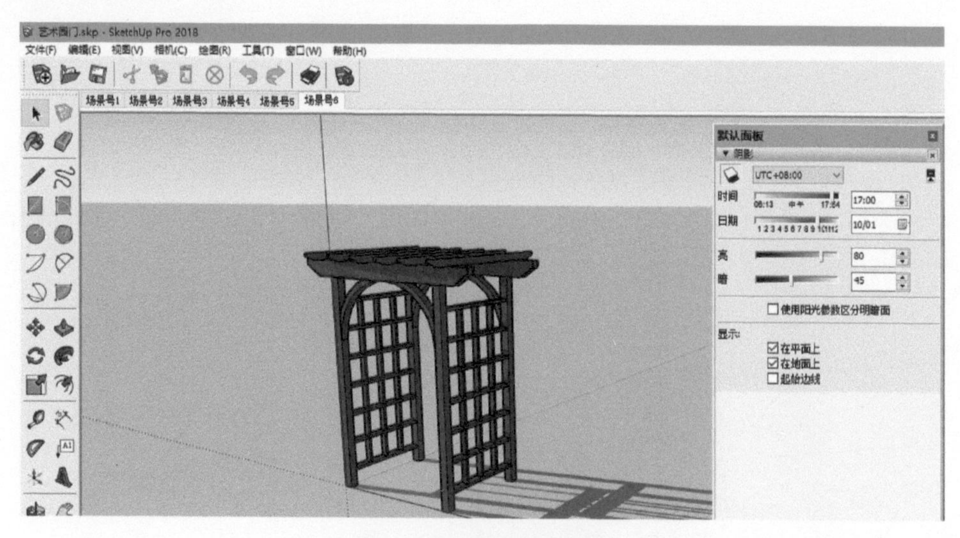

图 3-108　添加其他场景

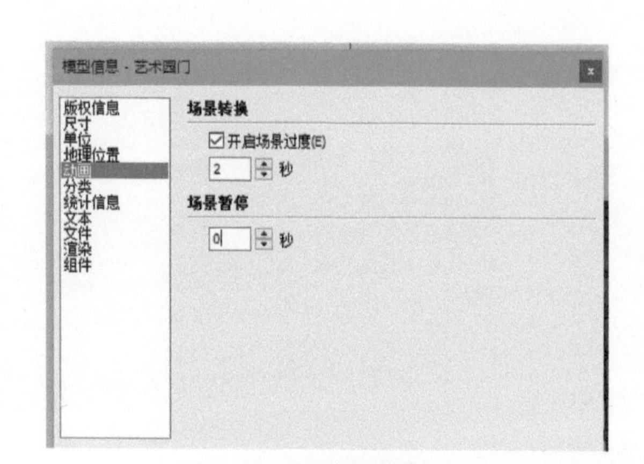

图 3-109　设置动画时间

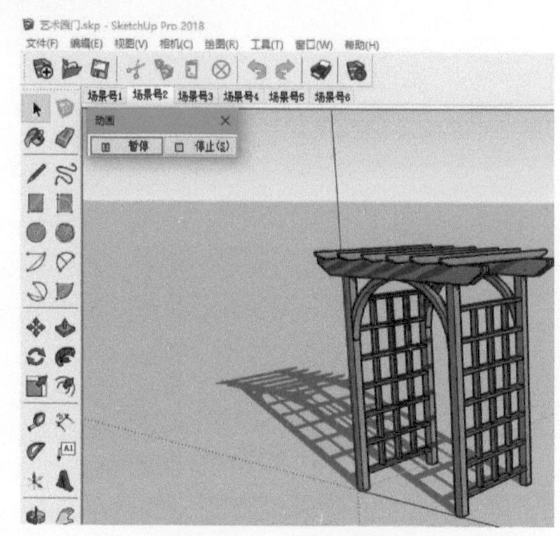

图 3-110　查看动画效果

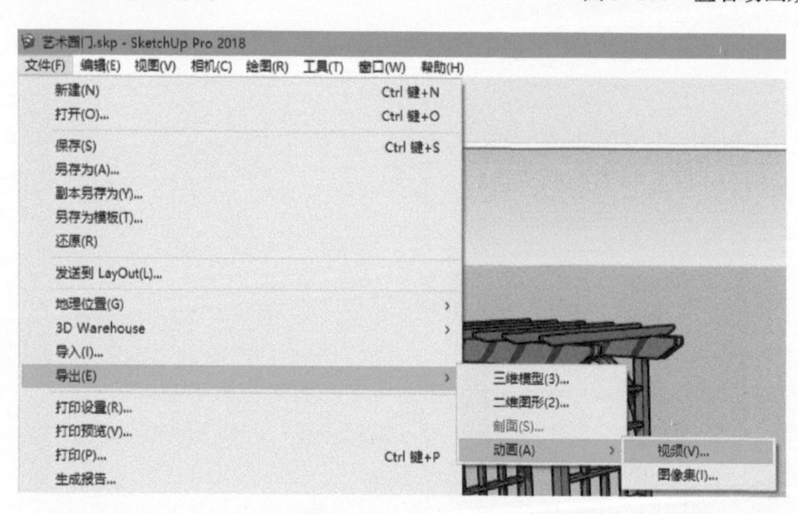

图 3-111　导出动画

3.7 实体工具

实体工具类似于 3ds Max 软件中的“布尔运算”命令，可以在实体（群组实体或组件实体）之间进行布尔运算，以便创建复杂模型。SketchUp 实体不能有任何裂缝（平面缺失或平面间存在缝隙），右击对象，访问“图元信息”，通过查看对象类型是否包含“实体”字样，确定其是否为实体，如图 3–112 所示。

执行“视图”→“工具栏”→“实体工具”菜单命令，可调出“实体工具”工具栏，工具栏包括“实体外壳”“相交”“联合”“减去”“剪辑”和“拆分”6 个按钮，如图 3–113 所示。

图 3–112 实体图元信息

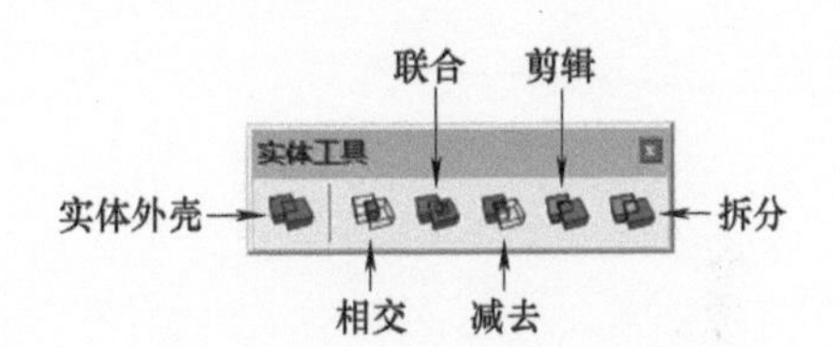

图 3–113 “实体工具”工具栏

3.7.1 实体外壳

“实体外壳”工具是将所有选定实体合并为一个新的实体，并删除所有内部图元，其常用的操作方法有 2 种：

1）单击“实体外壳”工具，接着在第一个“实体”表面单击，再在第二个“实体”表面单击，即可将两者组成一个新的实体，如图 3–114 所示。

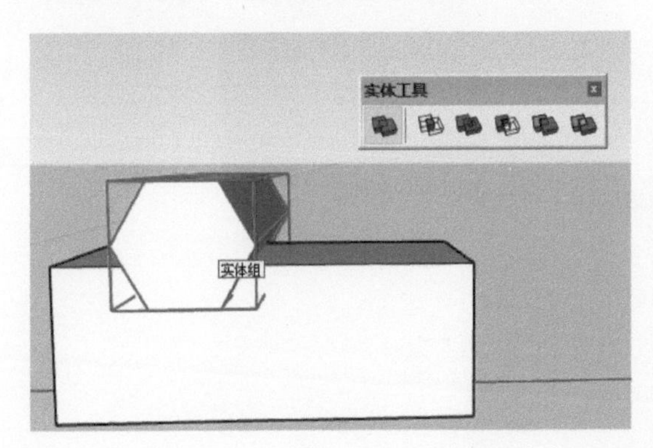

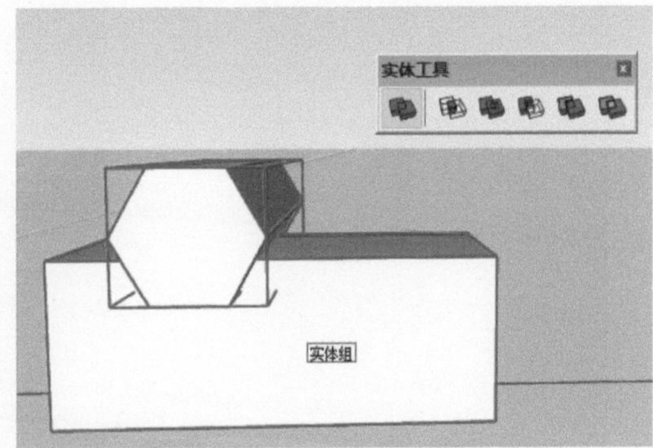

图 3–114 “实体外壳”操作方法一

2）选中全部需要操作的实体，单击“实体外壳”工具，则可将所选对象组合成一个新的实体，如图 3–115 所示。

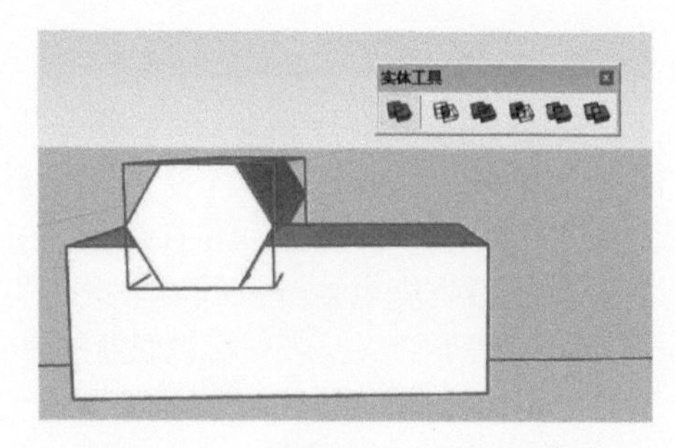

图 3–115 “实体外壳”操作方法二

3.7.2 相交

“相交”工具是将所选的全部实体相交并使其交点保留在模型内，其余部分被删除，操作方法如下：

1）单击“相交”工具，接着在第一个“实体”表面单击，再在第二个“实体”表面单击，即可获得两个实体相交部分的模型，如图 3–116 所示。

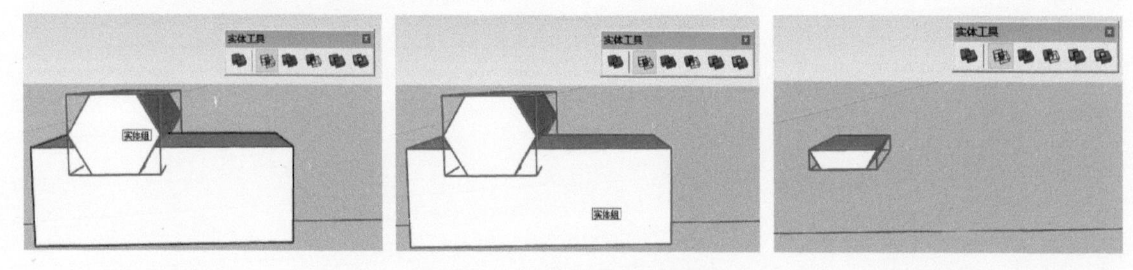

图 3–116 “相交”操作方法一

2）选中需要操作的两个实体，单击“相交”工具，即可获得实体相交部分的模型，如图 3–117 所示。

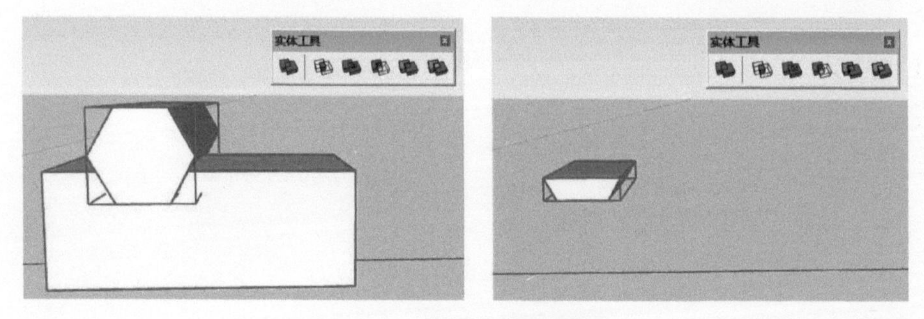

图 3–117 “相交”操作方法二

3.7.3 联合

“联合”工具可将所有选定实体，合并为一个整体，并保留内部空隙，“联合”工具操作方法与“实体外壳”工具一致，操作结果也没有明显区别。

3.7.4 减去

“减去”工具可从第二个实体中减去第一个实体，删除第一个选中的实体。单击“减去”工具，然后单击第一个实体，接着再单击第二个实体，即得到“减去”结果，如图 3–118 所示。

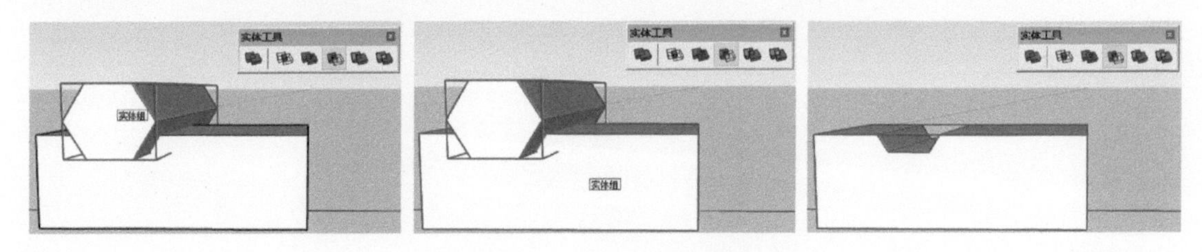

图 3–118 “减去”操作方法

3.7.5 剪辑

“剪辑”工具可从第二个实体中剪辑第一个实体，并将两者同时保留在模型中，不删除原群组或组件，操作方法与“减去”工具一致。首先，单击“剪辑”工具，单击第一个实体，然后，单击第二个实体，即得到剪辑结果，如图 3–119 所示，移动实体的位置，即可清楚地看到剪辑结果，如图 3–120 所示。

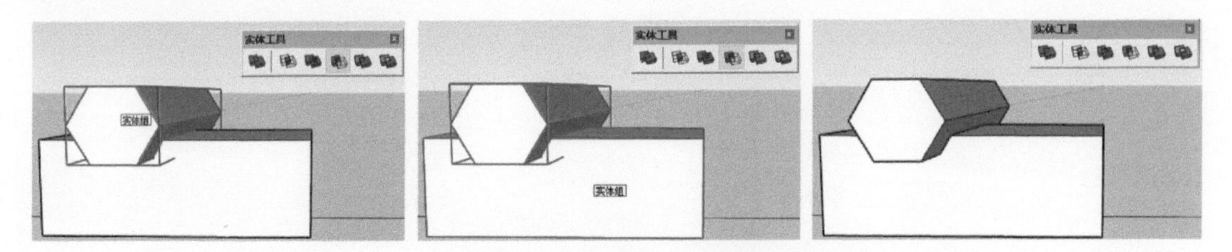

图 3–119 “剪辑”操作方法

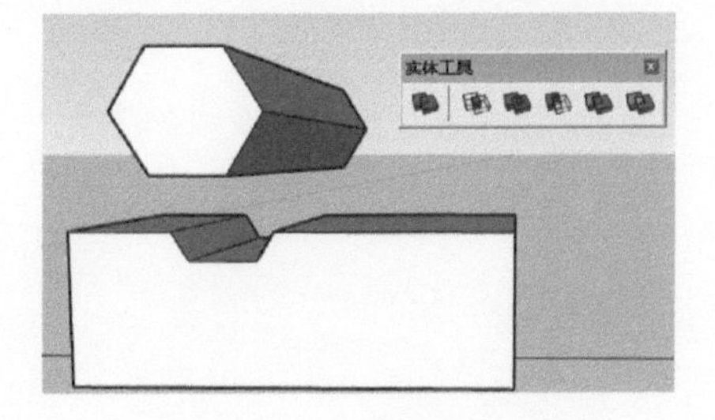

图 3–120 查看剪辑结果

3.7.6 拆分

“拆分”工具使所选全部实体相交并将所有结果保留在模型中，即原实体相交部分、不相交部分分别生成新的群组。其常用的操作方法有 2 种：

1）单击“拆分”工具，接着在第一个“实体”表面单击，再在第二个“实体”表面单击。

2）选中全部需要操作的实体，单击“拆分”工具，直接获得拆分结果，如图 3–121 所示。

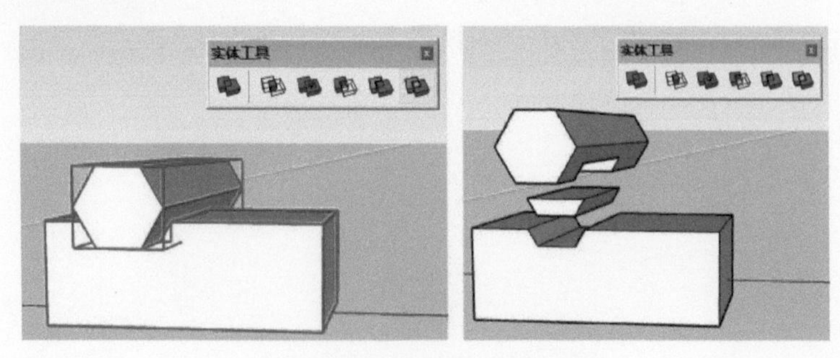

图 3–121 “拆分”操作方法

3.7.7 实战——镂空文字

1）使用“矩形”工具，创建尺寸 1200 × 50 的长方形，如图 3–122 所示，使用“推拉”工具向上推拉 500，如图 3–123 所示。

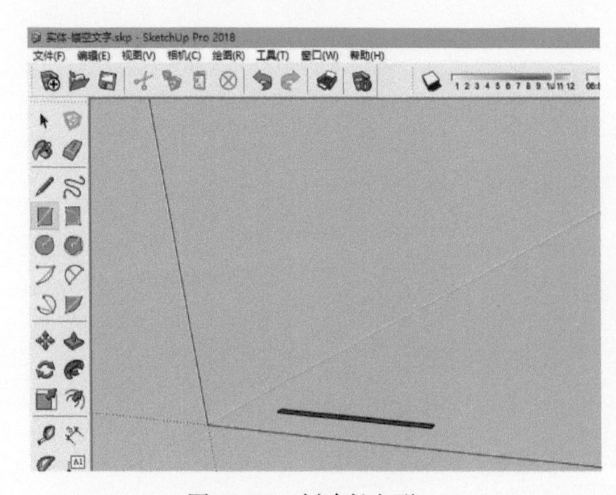

图 3–122 创建长方形

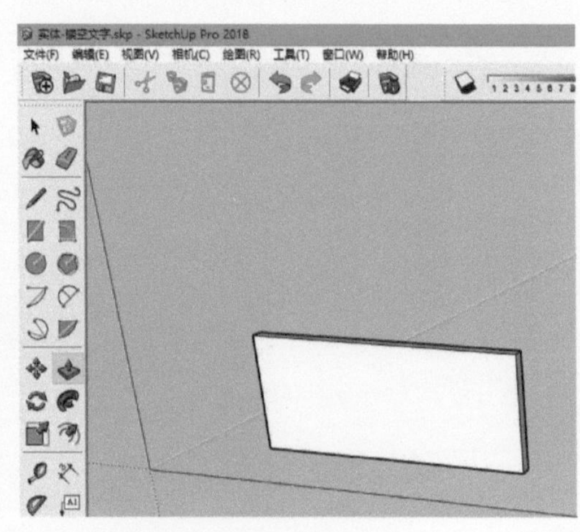

图 3–123 推拉长方形

2）使用“偏移”工具，将前表面向内偏移 20，如图 3–124 所示，使用“推拉”工具将内表面向后推拉 10，如图 3–125 所示，将创建好的“凹”形对象转成“群组”，如图 3–126 所示。

图 3–124 偏移表面

图 3–125　推拉内表面

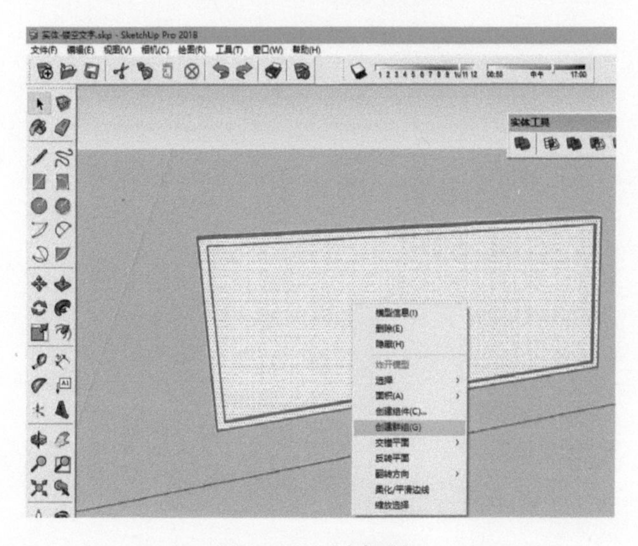

图 3–126　创建群组

3）创建三维文字，在文本框中填写“SketchUp”字样，文字高度设置为 200mm，勾选“填充”，延伸值设置为 25mm，如图 3–127 所示，将三维文字放置到凹形对象中间的位置，如图 3–128 所示。

图 3–127　创建三维文字

图 3–128　放置三维文字

4）使用移动工具，将文字向后移动 10，如图 3–129 选择三维文字，单击“减去”工具，再单击凹形体，完成镂空字体的制作，如图 3–130 所示。

图 3–129　移动三维文字

图 3–130　创建镂空文字

3.8 材质与贴图

SketchUp 有非常强大的材质库，并可实时显示物体的材质预览效果，还可以在材质赋予以后，非常方便地修改材质的名称、颜色、透明度、尺寸大小及位置等特性。

单击“材质”按钮，可以打开“材质”面板，如图 3-131 所示，在“材质”编辑器中可以选择、编辑材质，也可以浏览当前模型中使用的材质。

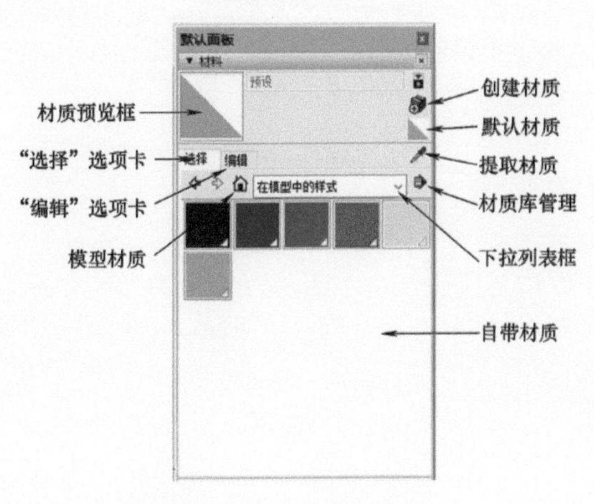

图 3-131 “材质”面板

3.8.1 选择材质

选择出合适的材质，才能赋予相应的对象。

（1）选择自带材质

“材质”对话框的下拉列表框中自带各类型的材质贴图，如图 3-132 所示，包括多种常用材质，选择所需材质类型，即可查看该类型下的材质，选择相应材质，即可以将其赋给场景中的模型，如图 3-133 所示。

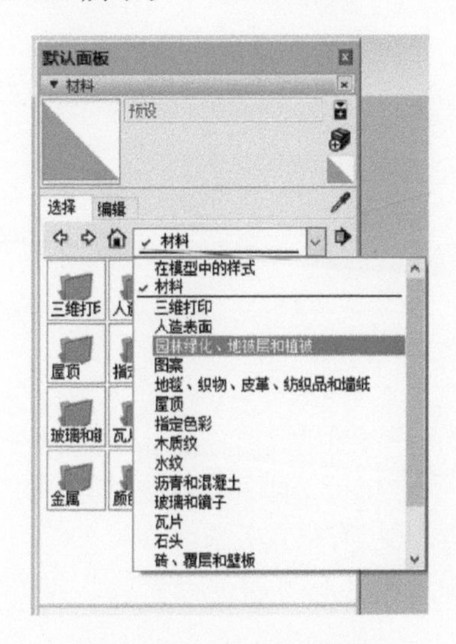

图 3-132 材质下拉列表

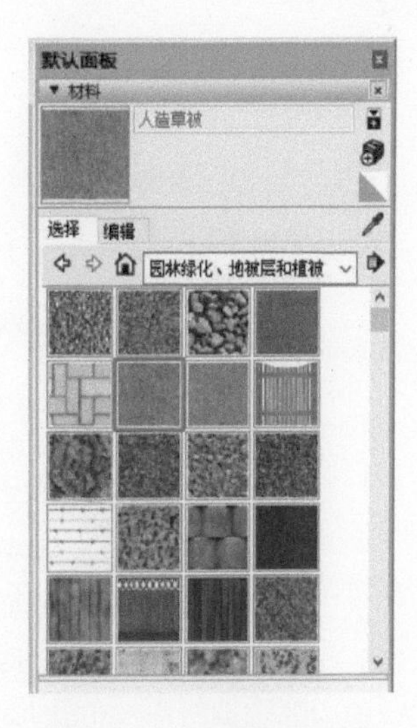

图 3-133 选择自带材质

（2）默认材质

单击“默认材质”按钮，选择系统默认显示色彩。将光标（此时为油漆桶形状）移动到相应物体上单击，即可将对象原有材质改变为默认材质。

（3）提取场景材质

单击“提取材质”按钮，光标将变成吸管形状，如图 3–134 所示，在场景中单击所需要提取的材质，吸管会变回“材质”工具，材质预览窗口中会显示相应材质，如图 3–135 所示，选中此材质后，将光标移动至其他模型处单击，可将提取的材质赋予该模型，如图 3–136 所示。

图 3–134　单击“提取材质”工具

图 3–135　吸取材质

图 3–136　赋予材质

3.8.2 编辑材质

SketchUp 可以对现有的任何材质进行编辑。选择需要编辑的材质，切换到“编辑”选项卡，如图 3-137 所示。“编辑”选项卡中共有“颜色”“纹理”和“不透明”3 个功能区。通过这 3 个功能区，可以实现对材质的基本编辑。

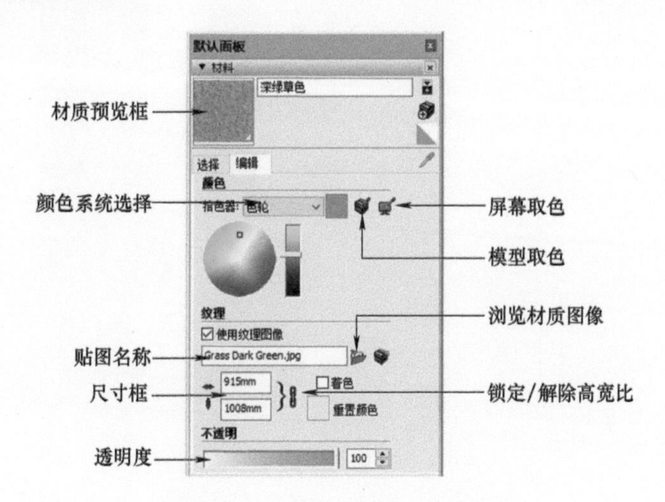

图 3-137　材质“编辑”选项卡

（1）编辑颜色

对现有材质的色彩通过色轮、HLS、HSB、RGB 多种调色模式进行调整，并且调色的过程在场景中会有实时的显示，如图 3-138 所示。

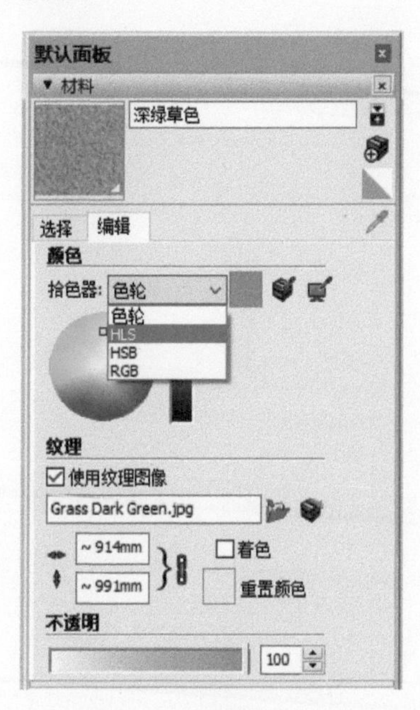

图 3-138　编辑材质颜色

（2）使用外部贴图

在“纹理”功能区中勾选“使用纹理图像”复选框，并单击“浏览材质图像”按钮，在打开的

“选择图像”对话框中选择需要的贴图图片，这样所选择的外部图片即可自动添加为贴图图片，如图 3–139 所示。

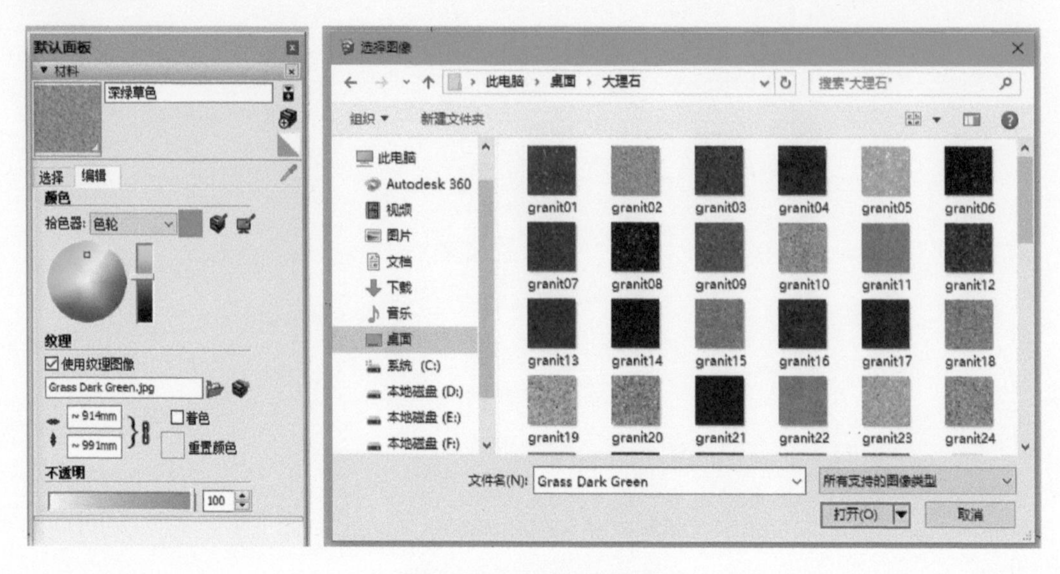

图 3–139　使用外部贴图

（3）调整贴图尺寸

可通过尺寸框数值调整材质尺寸，来贴合设计需要，通过高宽比锁定 / 解锁按钮，可以锁定或解锁材质尺寸的高宽比，如图 3–140 所示。

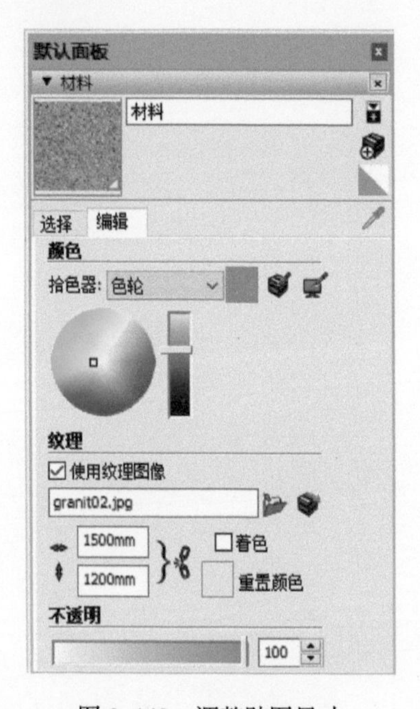

图 3–140　调整贴图尺寸

（4）调整不透明度

玻璃、水等半透明材质，需要设计透明度，在“编辑”选项卡的“不透明”功能区中，可对材质透明度进行实时调整，并于场景中显示，如图 3–141 所示。

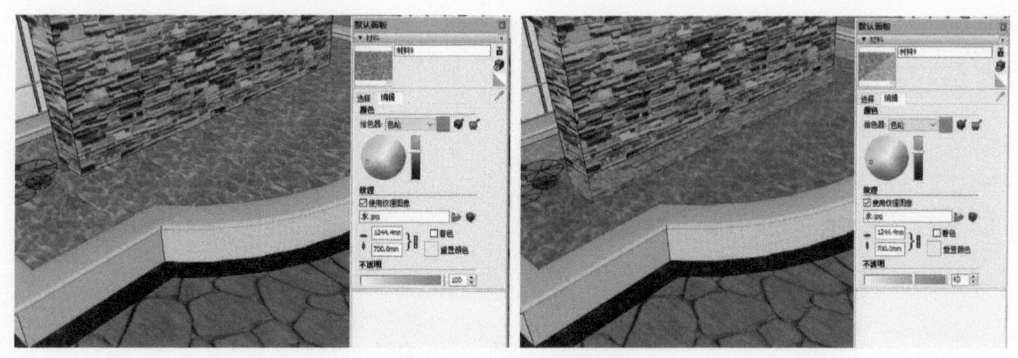

图 3-141　不透明度调整

3.8.3　赋予材质

使用“材质”工具时，配合键盘上的按键，可以按不同条件为表面分配材质。

（1）单个填充

在单个边线或表面上单击鼠标左键即可赋予其材质；如果事先选中了多个物体，则可以同时为选中的物体上色。

（2）邻接填充

赋予材质时，按住 <Ctrl> 键，可以同时填充与所选表面相邻接并且使用相同材质的所有表面。

（3）替换填充

赋予材质时，按住 <Shift> 键，可以用当前材质替换所选表面的材质，模型中的所有使用该材质的物体都会同时改变材质。

3.8.4　创建材质

在“材质”对话框上单击“创建材质”按钮，弹出对话框，如图 3-142 所示。在“创建材质”对话框中，可以设置材质名称、选用颜色、使用贴图、调整透明度，除命名材质名称外，其余的编辑调整功能都与前面介绍的材质编辑调整方法完全相同。

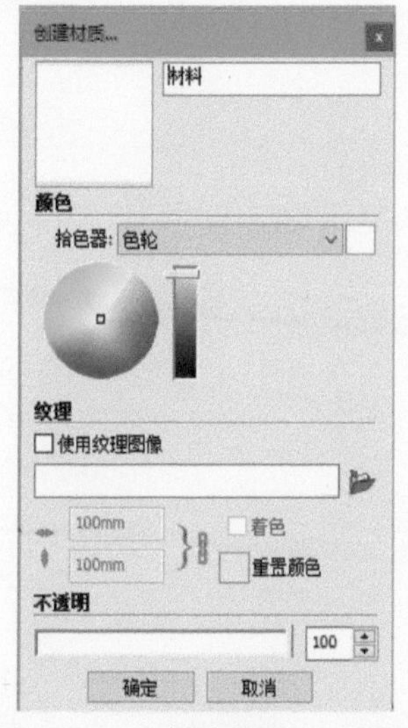

图 3-142　“创建材质”对话框

3.8.5 贴图坐标调整

SketchUp 的贴图材质附着在模型表面，只能调整其尺寸大小，更多对贴图的调整需要用到贴图坐标完成。

右击模型上需要调整的材质，在弹出的快捷菜单中选择“纹理”→“位置”命令，在场景中出现 4 个图钉，4 个图钉拥有不同的功能，如图 3–143 所示。

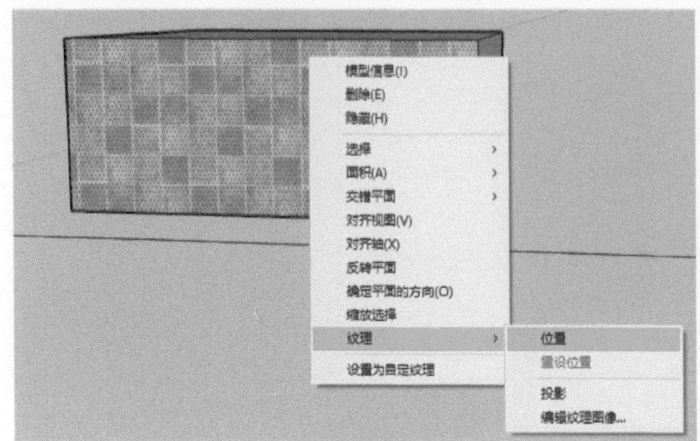

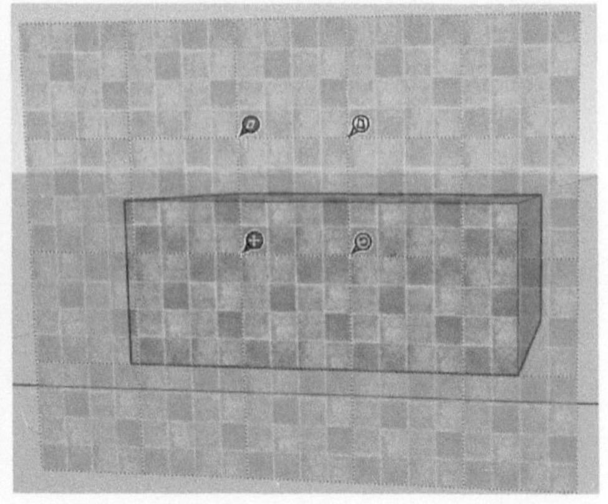

图 3–143　调整贴图坐标

光标放在红色图钉上，按住鼠标左键并拖动鼠标，移动贴图，如图 3–144 所示；光标放在绿色图钉上，按住鼠标左键并拖动鼠标，可以对贴图进行缩放 / 旋转操作，如图 3–145 所示；光标放在蓝色图钉上，按住鼠标左键并拖动鼠标，可以对贴图做变形操作，如图 3–146 所示；光标放在黄色图钉上，按住鼠标左键并拖动鼠标，可以对贴图进行阶梯变形操作，也可产生透视效果，如图 3–147 所示。

在贴图的右键菜单中取消选中“固定图钉”选项，即可将“固定图钉”模式转换为“自由图钉”模式，4 个彩色的图钉都会变成相同的白色图钉，用户可以通过拖曳图钉进行贴图的调整，在“自由图钉”模式下，图钉相互之间不产生影响，这样就可以将图钉拖曳到任何位置，以便对贴图进行调整，如图 3–148 所示。

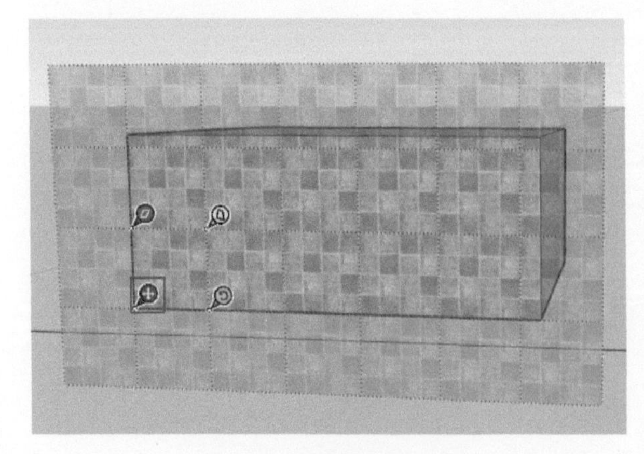

图 3–144　移动贴图坐标

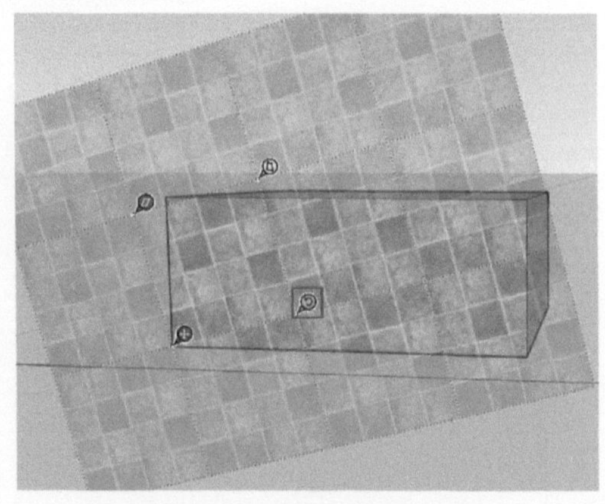

图 3–145　缩放 / 旋转贴图坐标

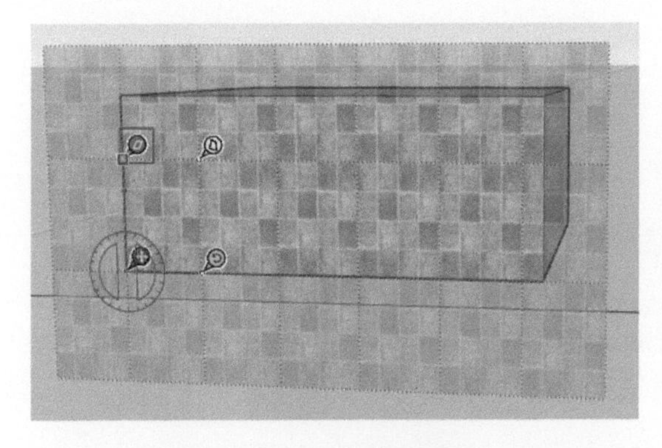

图 3-146 变形贴图坐标

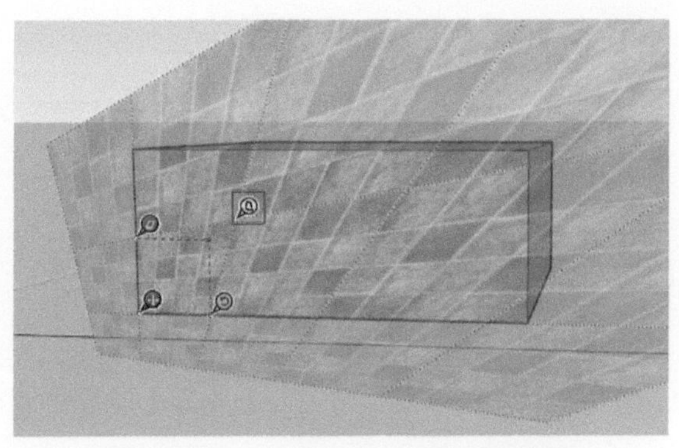

图 3-147 阶梯变形与透视贴图坐标

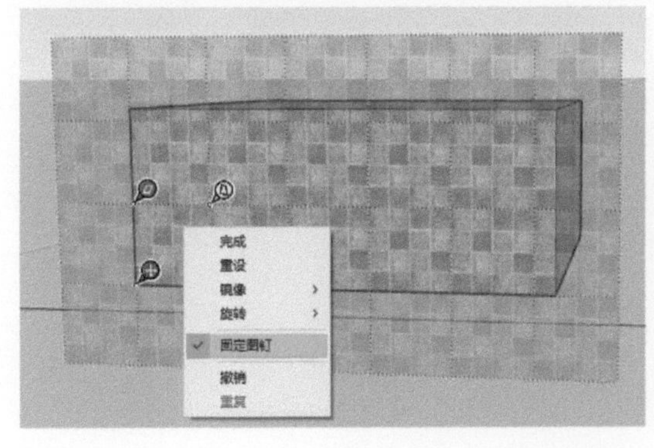

图 3-148 自由图钉模式

3.8.6 实战——为景墙添加材质

1）打开“户外景墙 .skp”，单击“材质”工具，选择自带材质中的“砖、覆层和壁板”类型，如图 3-149 所示。

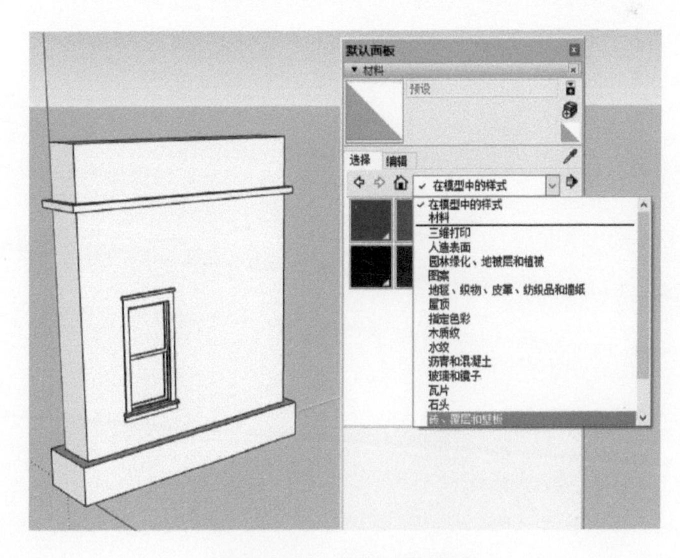

图 3-149 选择自带材质

2）选择“棕褐色粗糙砖块”，将材质赋予景墙底座和墙身，单击材质面板“编辑”选项卡，将尺寸框数字改为“1200mm”，如图 3–150 所示。

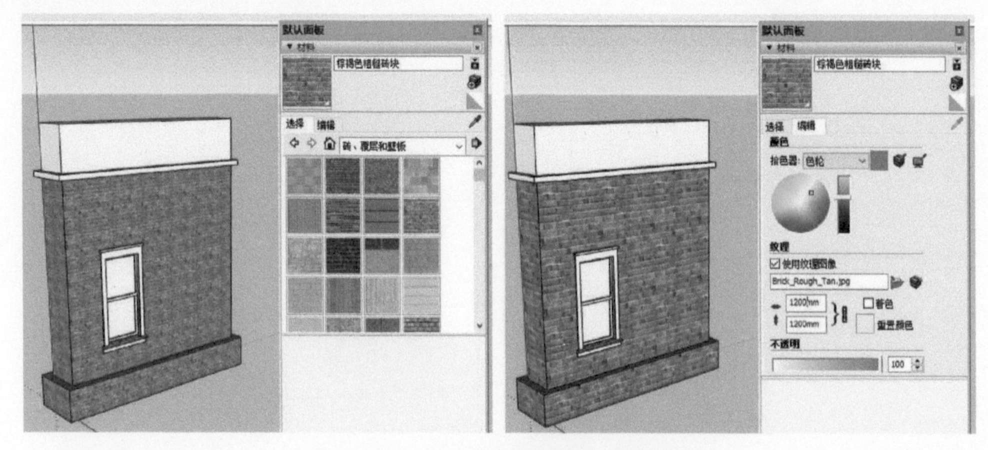

图 3–150　赋予棕褐色粗糙砖块材质

3）双击进入窗组件内部，为窗中间面，指定“玻璃和镜子”类型下的“半透明的玻璃蓝”材质，退出组件编辑状态，为组件赋予“木质纹”下的“颜色适中的竹木”，如图 3–151 所示。

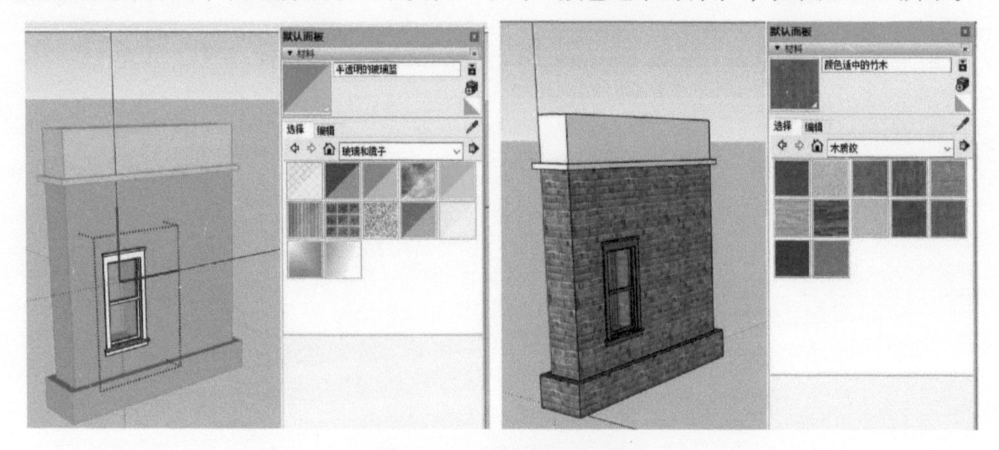

图 3–151　为窗赋予材质

4）单击“创建材质”工具，弹出“创建材质”对话框，如图 3–152 所示。

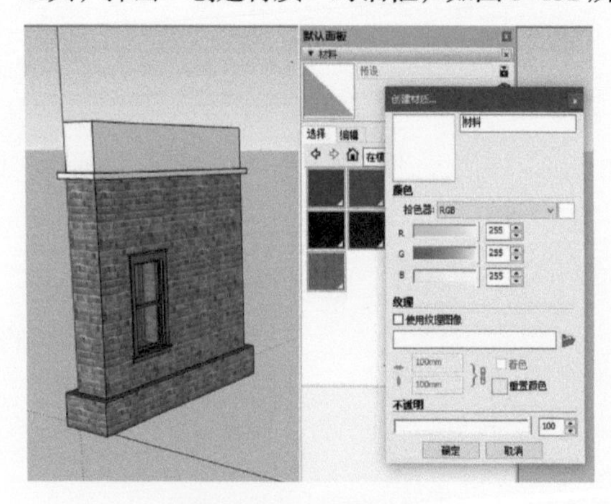

图 3–152　创建新材质

5）勾选“使用纹理图像”复选框，在弹出的“选择图像”对话框中，选择“风景长图”图片，单击“打开”按钮，如图3–153所示。

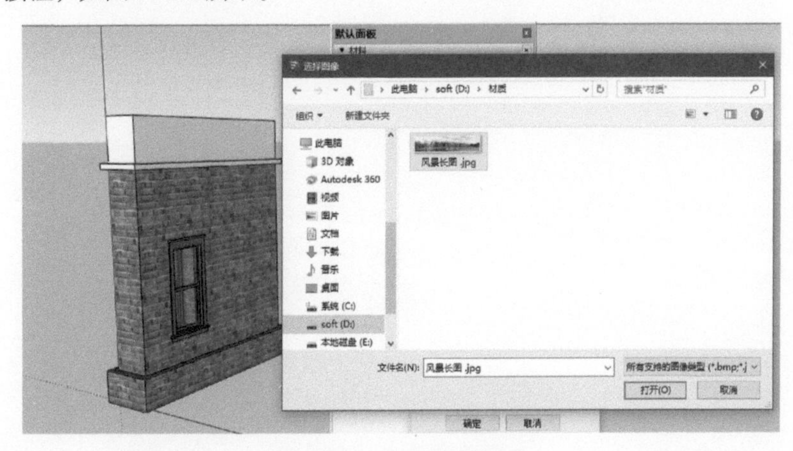

图3–153　选择材质图片

6）将新建的材质指定给景墙上部的长面，将“数值输入框”的长度数值修改为“3000mm”，如图3–154所示，在此表面单击鼠标右键，执行“纹理”→“位置”命令，如图3–155所示。

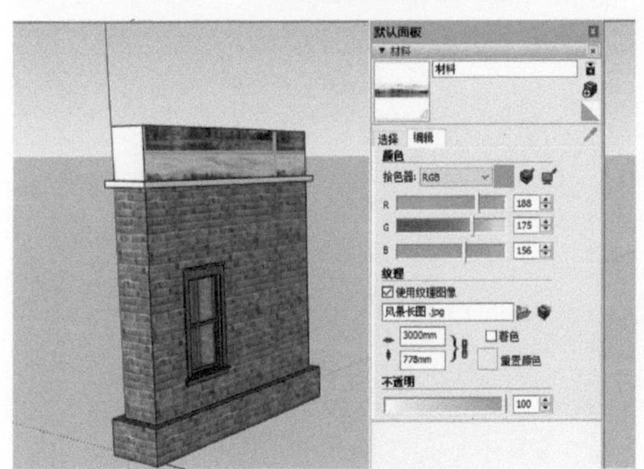

图3–154　赋予材质

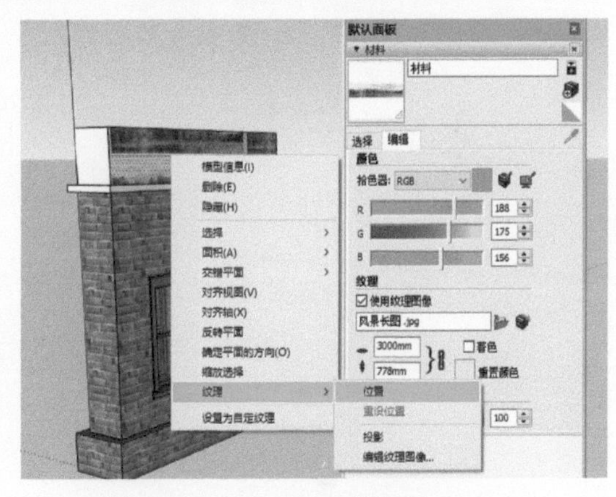

图3–155　启用纹理位置

7）将红色图钉拖动到长面的左下角，如图3–156所示；将绿色图钉拖动到右下角，如图3–157所示；将蓝色图钉拖动到左上角，如图3–158所示。

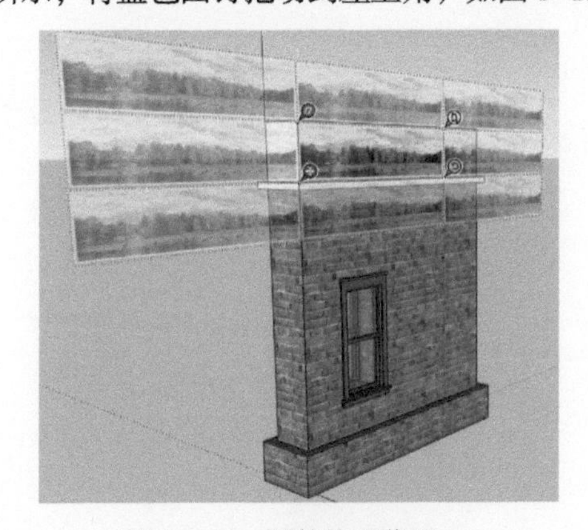

图3–156　调整纹理位置一

图3–157　调整纹理位置二

图 3-158　调整纹理位置三

8）退出材质纹理模式，单击“吸管”工具，吸取刚刚设置好的长面材质，将其赋予对面的长面，如图 3-159 所示。

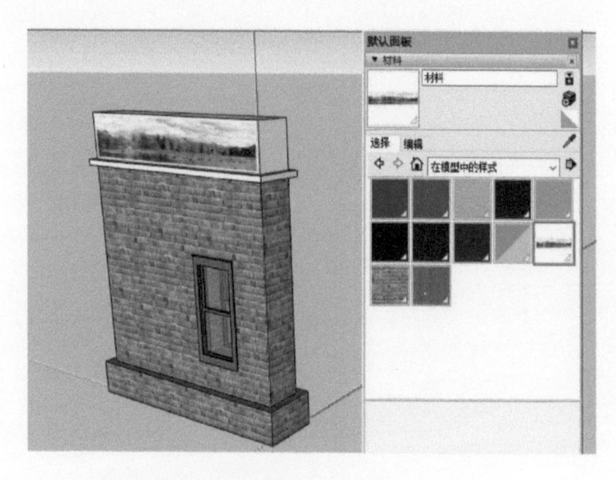

图 3-159　吸取已有材质并赋予其他对象

3.9 沙箱工具

“沙箱”工具栏主要用于地形的创建，执行“视图”→“工具栏”菜单命令，在弹出的“工具栏”对话框中勾选“沙箱”复选框，即可启用“沙箱”工具栏，工具栏包括“根据等高线创建”“根据网格创建”“曲面起伏”“曲面平整”“曲面投射”“添加细部”和“对调角线”7 个按钮，如图 3-160 所示。

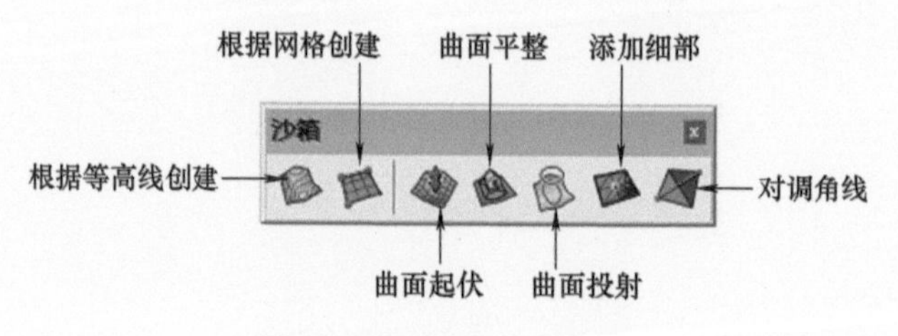

图 3-160　“沙箱”工具栏

3.9.1 根据等高线创建

使用此工具制作地形，需要有高程变化的闭合曲线，闭合曲线可在 SketchUp 中绘制，也可先在 AutoCAD 等外部软件中绘制完成，再导入到场景中使用，如图 3–161 所示。

选择全部等高线，单击“根据等高线创建”工具，则会生成地形，新生成的地形为群组，不影响原有等高线，如图 3–162 所示。

图 3–161　有高程变化的闭合曲线

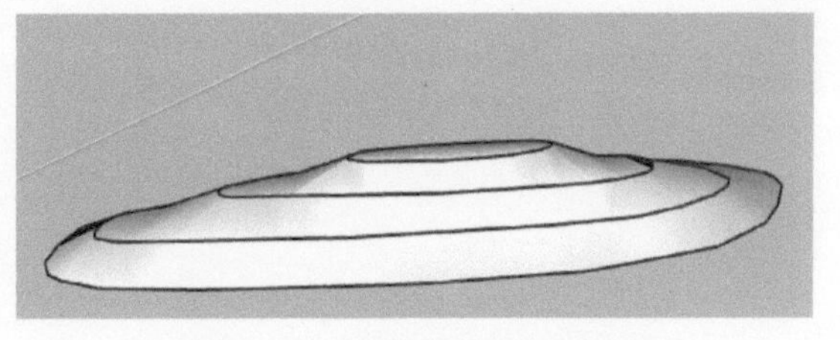

图 3–162　根据等高线生成地形

3.9.2 根据网格创建和曲面起伏

“根据网格创建”工具通常与“曲面起伏”工具一起使用来创建地形场景。

单击“根据网格创建”工具，在右下角“数值输入栏”输入网格间距（默认值为 3000），接着在场景中拉出网格的一条边线，再拉出与第一条边线垂直的另外一条边，即可创建一个网格，网格默认为组，如图 3–163 所示。

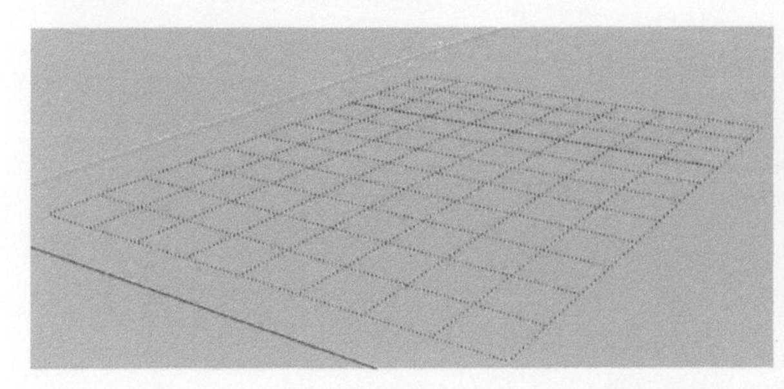

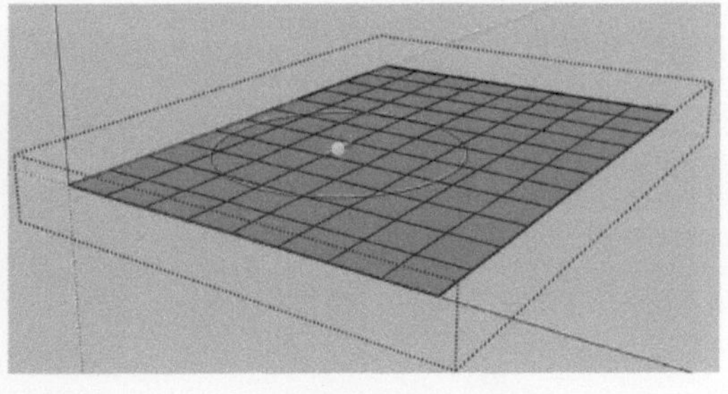

图 3–163　创建网格

双击网格，进入网格组内，单击“曲面起伏”工具，出现红色“圆圈”，在“数值输入框”内输入数值，调整“圆圈”半径，在网格中单击，上下移动鼠标，即可对网格进行上下拉伸，越靠近“圆圈”圆心，所受的影响越大，如图 3–164 所示。

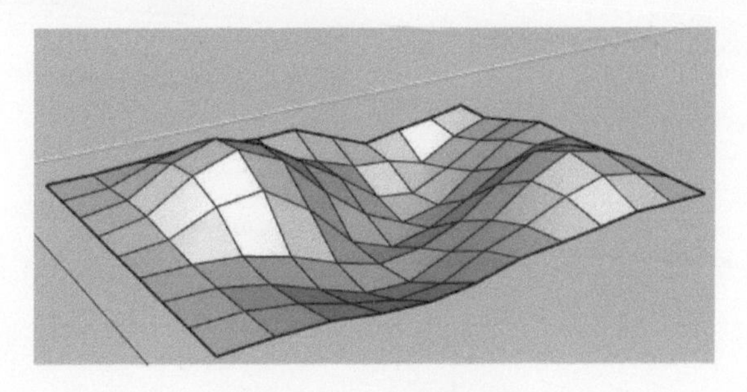

图 3–164　曲面起伏

地形拉伸调整完成，在地形上单击鼠标右键，选择列表中的“柔化 / 平滑边线”，在弹出的“柔化边缘”面板中勾选“平滑法线”和“软化共面”复选框，调整“法线之间的角度”，即可柔化地形上的网格线，如图 3–165 所示。

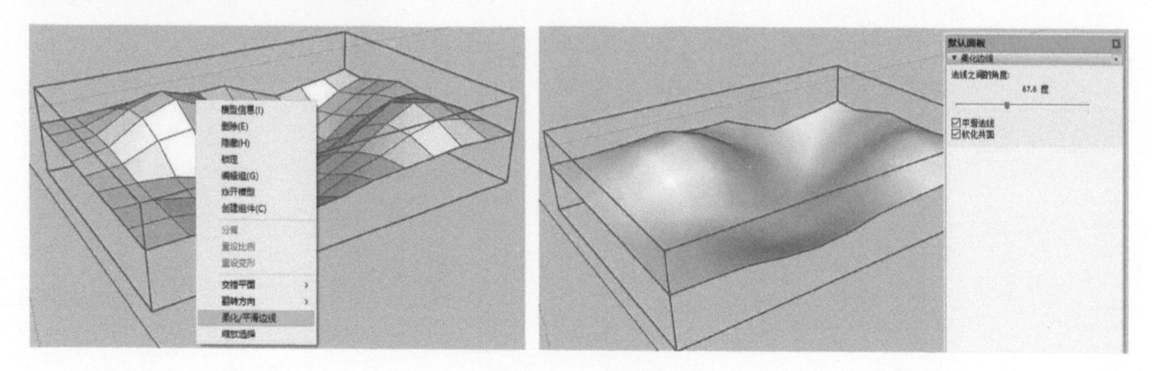

图 3–165　柔化地形

3.9.3　曲面平整

“曲面平整”工具可以在高低起伏的地形上平整场地和创建建筑基面。

先将建筑组件移动到网格曲面上方，单击“曲面平整”按钮，然后单击建筑组件，在建筑底面周边会出现一个红色的线框，这个线框表示影响地形的范围，可在数值输入栏输入精确的数据，接着单击地形场地，则出现一个可以拉伸的平台范围，即为建筑底面的大小，周边地形影响的范围即为前述步骤中红色线框的部分，拉伸平台范围到合理位置，如图 3–166 所示，最后将建筑移动到平台对齐放置即可。

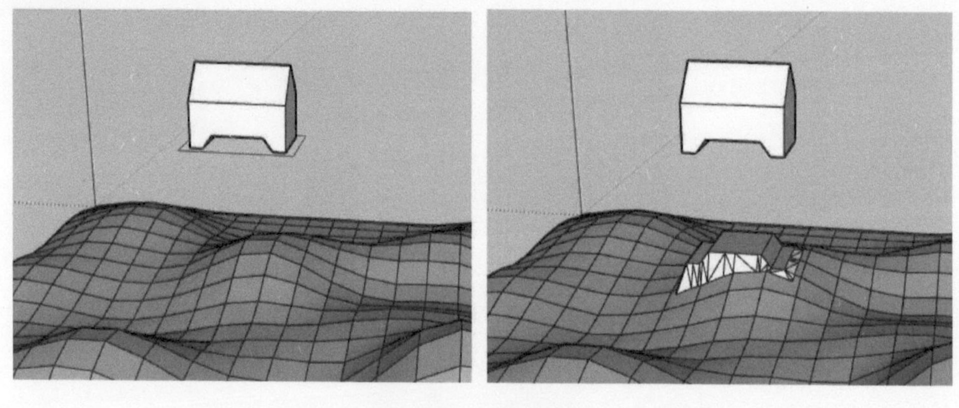

图 3–166　曲面平整

3.9.4　曲面投射

“曲面投射”工具可以将物体的形状投射到地形上，当在地形上创建道路等时，可使用到“曲面投射”工具。

创建一个道路平面，移动到创建好的地形上方，单击“曲面投射”工具，选中道路，随后单击地形，则道路会投射边线到地形上，如图 3–167 所示。

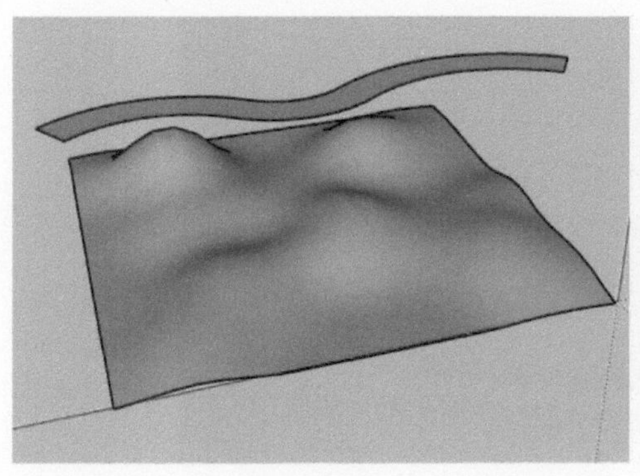
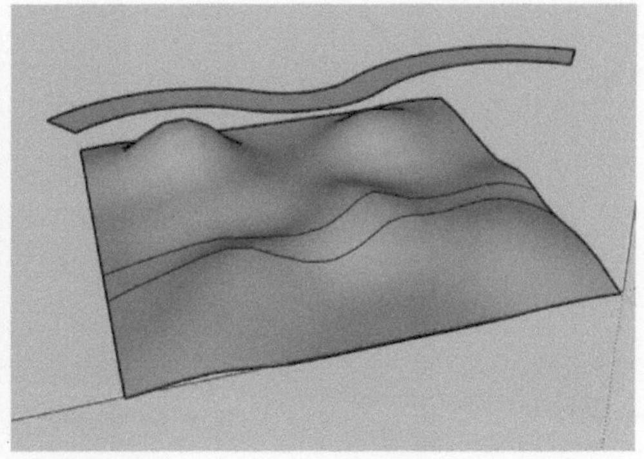

图 3-167　曲面投射

3.9.5　添加细部

“添加细部”工具可以对地形网格进一步细化，首先进入“地形”群组内部，然后单击“添加细部”按钮，在地形图中需要的位置添加细部，如图 3-168 所示。

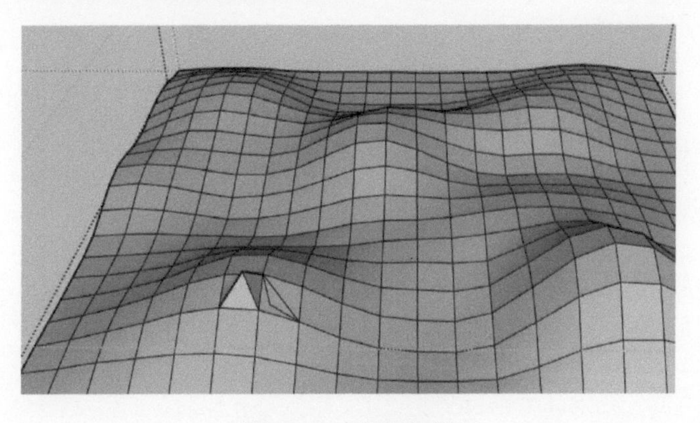

图 3-168　添加细部

3.9.6　对调角线

“对调角线”工具可以通过改变地形网格三角形边线方向对地形进行局部调整，首先进入“地形”群组内部，然后单击“对调角线”按钮，可在地形需要的位置进行对调角线编辑，如图 3-169 所示。

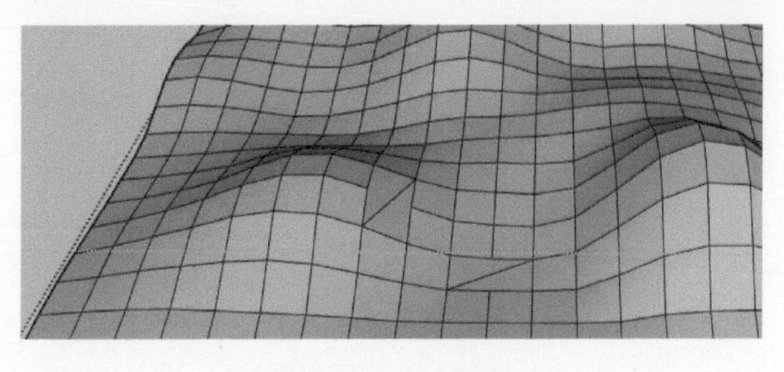

图 3-169　对调角线

3.9.7 实战——制作水池坡地

1）单击“根据网格创建”工具，输入网格间距 2000，按〈Enter〉键，接着再沿着红轴方向拉出网格的一条边线，输入 30000，按〈Enter〉键，再沿着绿轴方向拉出网格的一条边线，输入 30000，按〈Enter〉键，得到地形网格组，如图 3–170 所示。

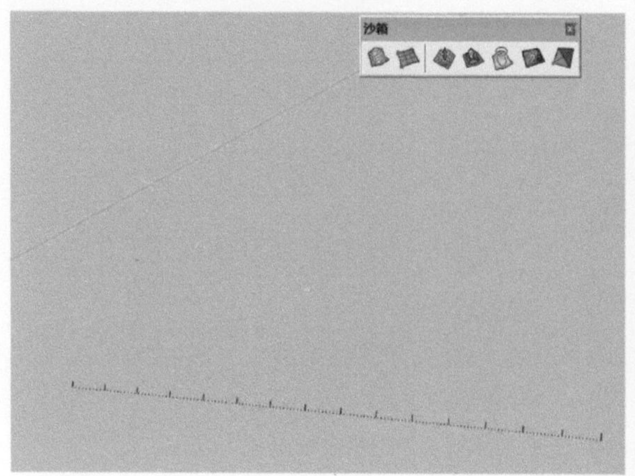

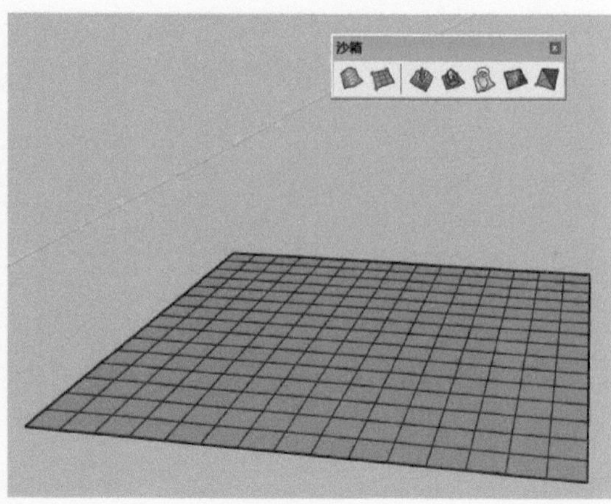

图 3–170　制作地形网格

2）双击进入地形网格内部，单击“曲面起伏”工具，输入数值，调半径大小，制作山坡和池塘，如图 3–171 所示。

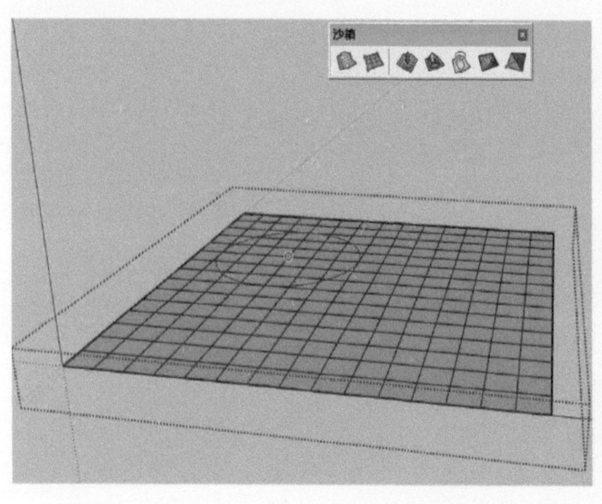

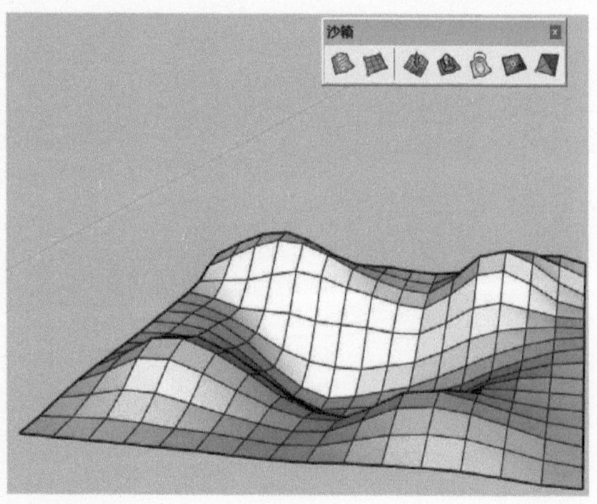

图 3–171　制作山坡和池塘

3）执行“文件”→“导入”菜单命令，在弹出的“导入”面板中，选择导入类型为“*.skp”，导入“小屋”模型，如图 3–172 所示。

4）单击曲面平整工具，设置小屋偏移值为 500，调整平整高度，然后将小屋模型移动到相应位置，如图 3–173 所示。

5）在地形上单击鼠标右键，选择“柔化 / 平滑边线”，柔化地形网格线，如图 3–174 所示。

6）绘制道路，放置在地形上方，使用曲面投射工具，将道路投射在地形上，如图 3–175 所示。

图 3-172　导入建筑模型

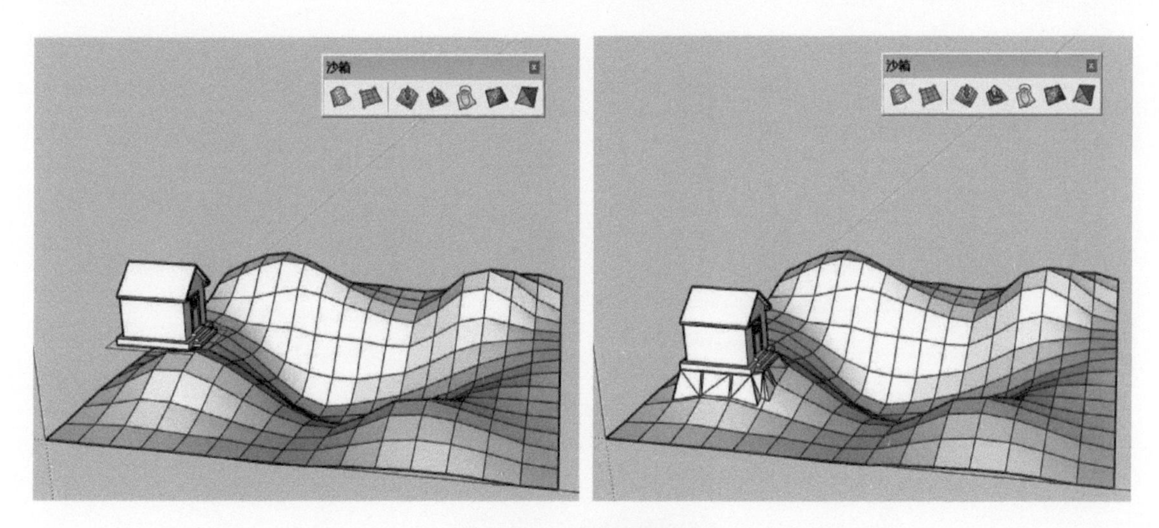

图 3-173　放置建筑模型

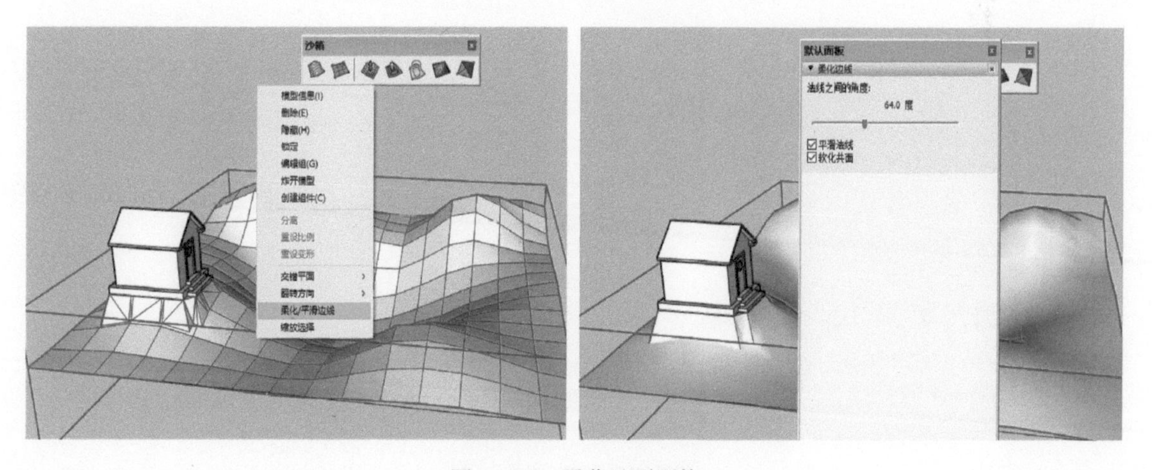

图 3-174　柔化地形网格

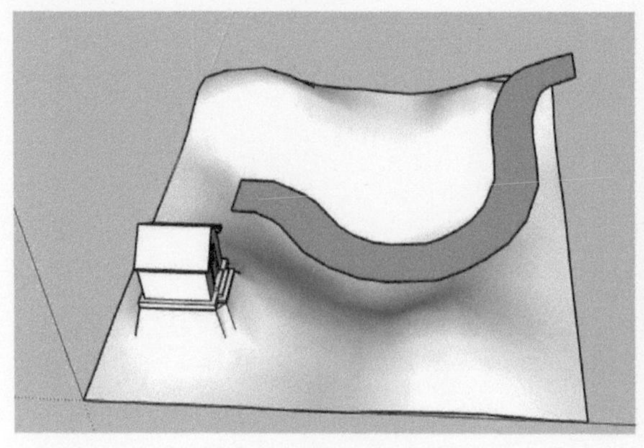
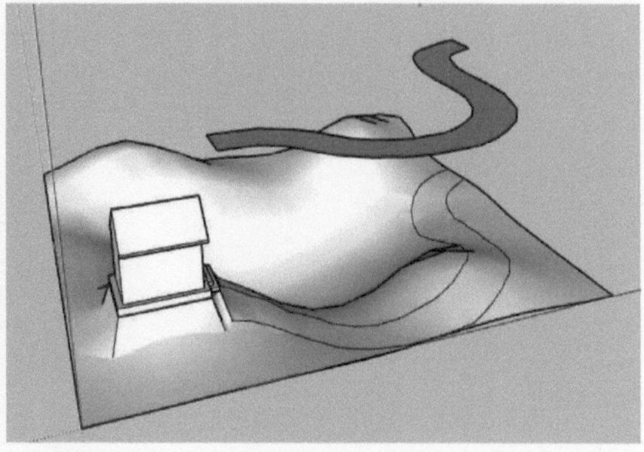

图 3–175　投射道路

7）为地形道路和坡地分别指定材质，如图 3–176 所示，使用“矩形”工具绘制一个矩形，放置在水面位置，赋予水面材质，如图 3–177 所示。

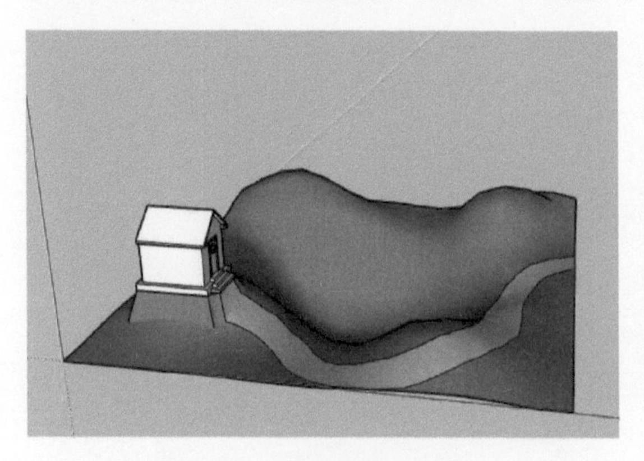

图 3–176　为地形添加材质

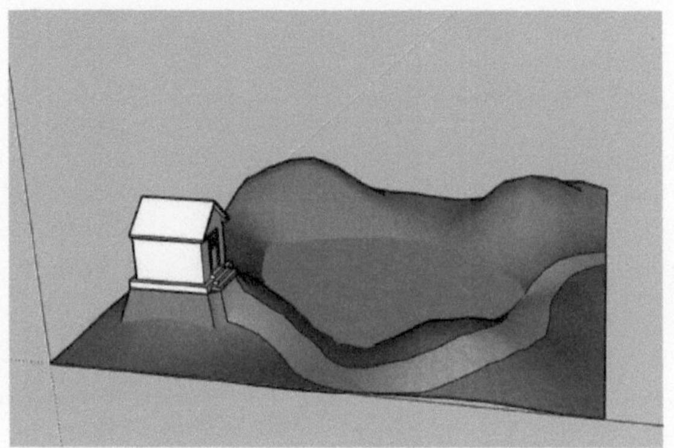

图 3–177　添加水面

3.10　文件导入与导出

SketchUp 可以与 AutoCAD、3ds Max 等相关图形处理软件共享数据成果，同时 SketchUp 在建模完成之后还可以导出准确的平面图、立面图和剖面图。

3.10.1　AutoCAD 格式文件导入与导出

（1）SketchUp 导入 AutoCAD 文件

1）执行“文件”→“导入”菜单命令，弹出“导入”对话框，如图 3–178 所示，设置打开文件类型为“AutoCAD 文件（*.dwg，*.dxf），如图 3–179 所示，则显示出 AutoCAD 格式文件，如图 3–180 所示。

2）选择“小别墅平面图”文件，单击“选项”按钮，弹出“导入 AutoCAD DWG/DXF 选项”对话框，勾选“合并共面平面”和“平面方向一致”两个选项，如果 CAD 图比例单位已设置，则在“单位”下拉列表中选择“模型单位”，如果 CAD 图比例单位未设置，可根据具体情况选择相应单位，如图 3–181 所示。

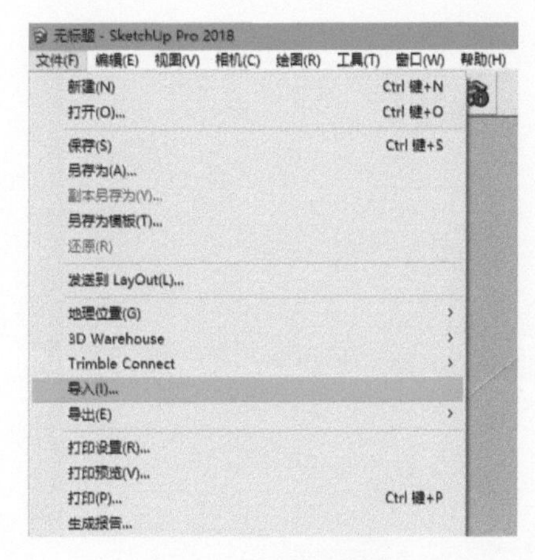

图 3-178　导入命令

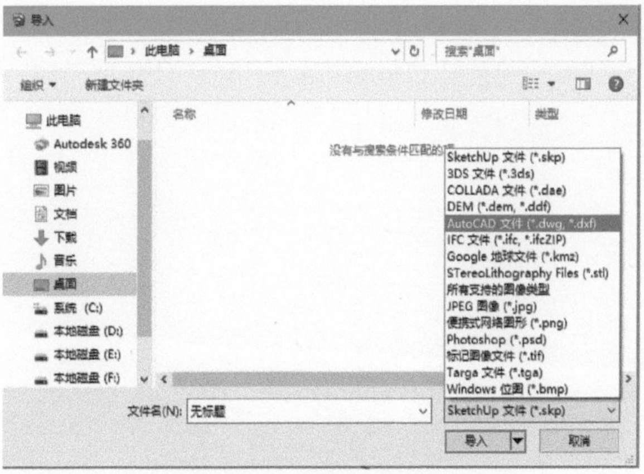

图 3-179　选择文件类型

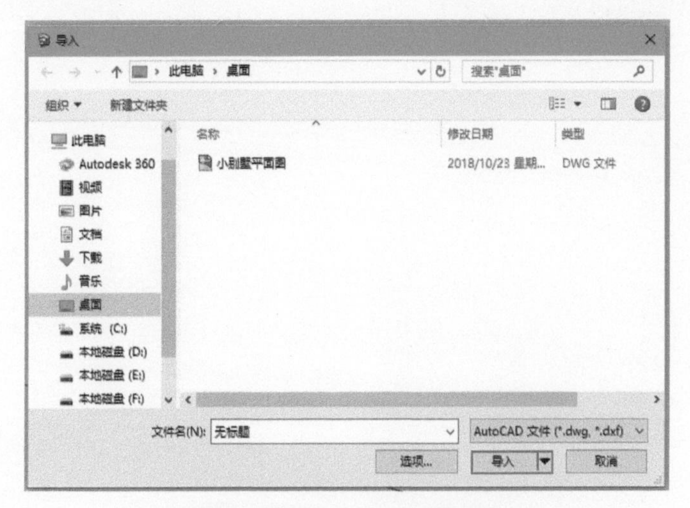

图 3-180　显示 CAD 格式文件

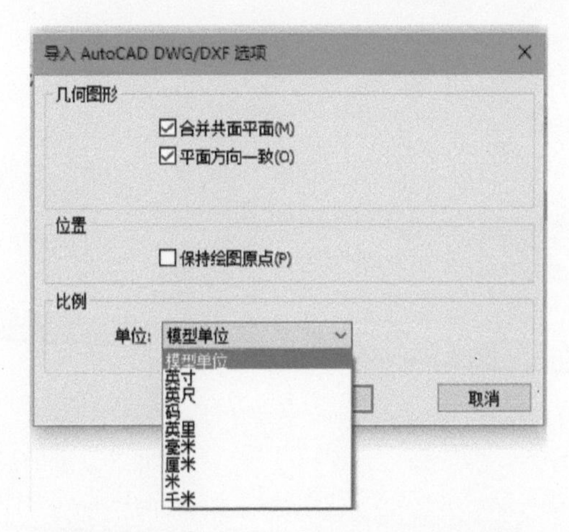

图 3-181　导入 AutoCAD DWG/DXF 选项

3）完成设置后依次单击“确定”和“导入”按钮，即开始导入文件，导入完成后，SketchUp 中会显示导入结果的报告，如图 3-182 所示。

4）单击“关闭”按钮，则将“小别墅平面图”CAD 图形导入 SketchUp 中，如图 3-183 所示。

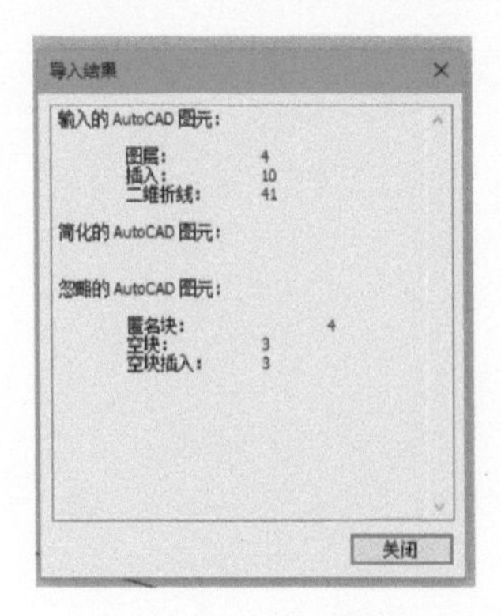

图 3–182　导入报告

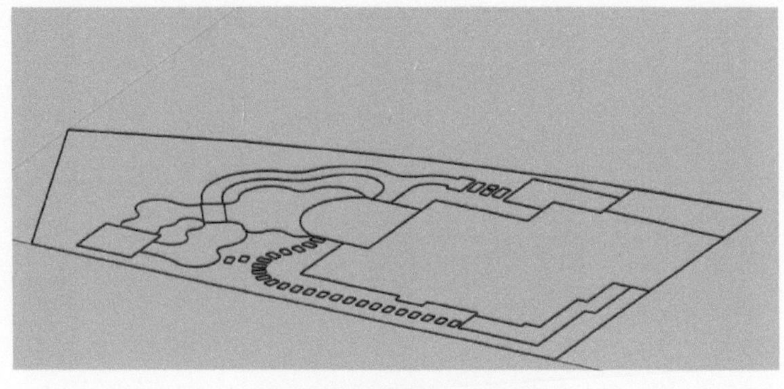

图 3–183　导入 CAD 图形

（2）SketchUp 导出为 DWG 二维图形

1）打开“艺术拱门.skp”文件，执行“相机”→“平行投影”菜单命令，如图 3–184 所示，切换至平行投影视图，执行“相机”→“标准视图”→“前视图”菜单命令，如图 3–185 所示，将模型切换成正立面显示。

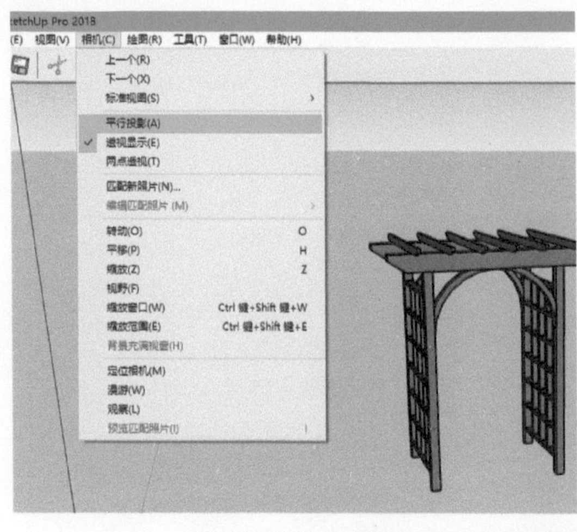

图 3–184　平行投影

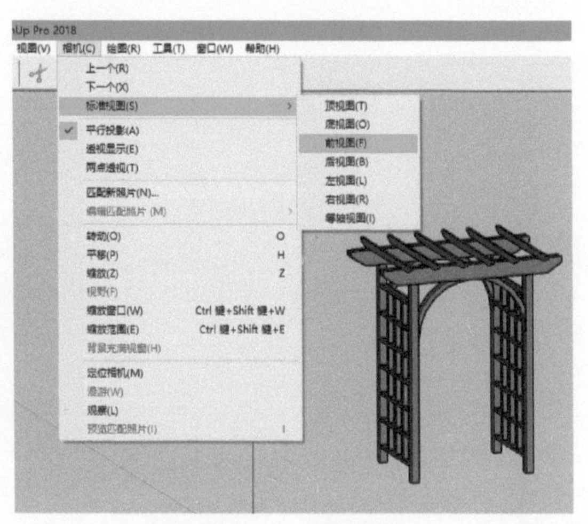

图 3–185　前视图

2）执行“文件”→“导出”→“二维图形”菜单命令，如图 3–186 所示，弹出“输出二维图形”对话框，选择输出类型为“AutoCAD DWG 文件（*.dwg）”格式，如图 3–187 所示。

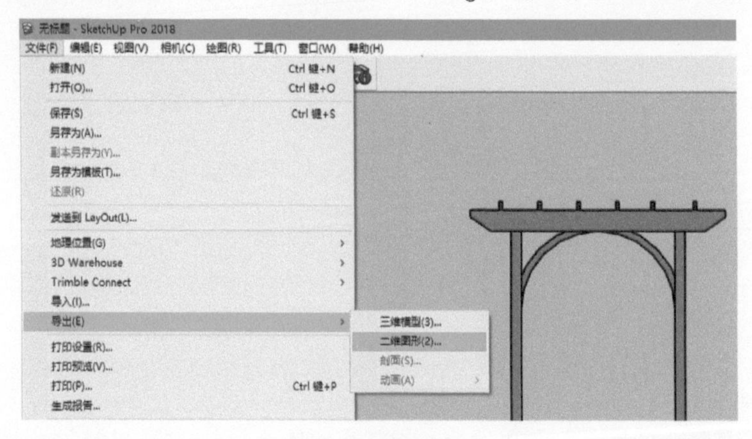

图 3–186　导出

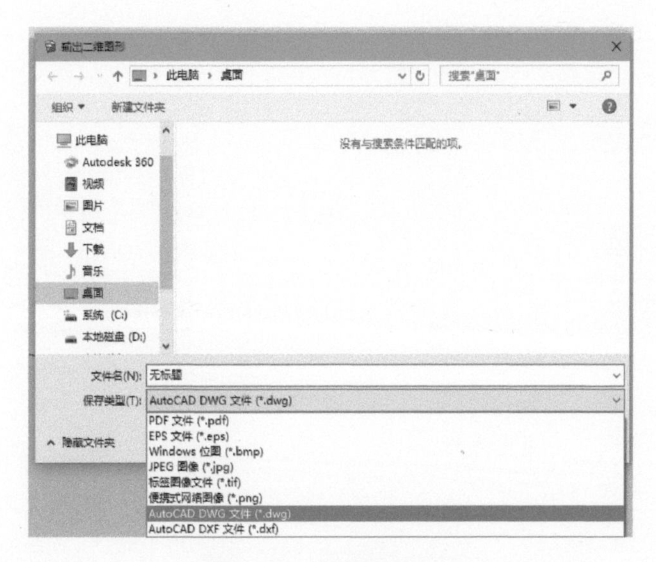

图 3–187 选择输出类型

3）单击“选项”按钮，弹出“DWG/DXF 消隐选项”对话框，如图 3–188 所示，设置保存的 CAD 版本，并选中“实际尺寸（1 ：1）”复选框，然后单击“确定”按钮。

4）返回到“输出二维图形”对话框，单击“导出”按钮，即可将艺术拱门的正立面图导出为 AutoCAD 格式图，如图 3–189 所示。

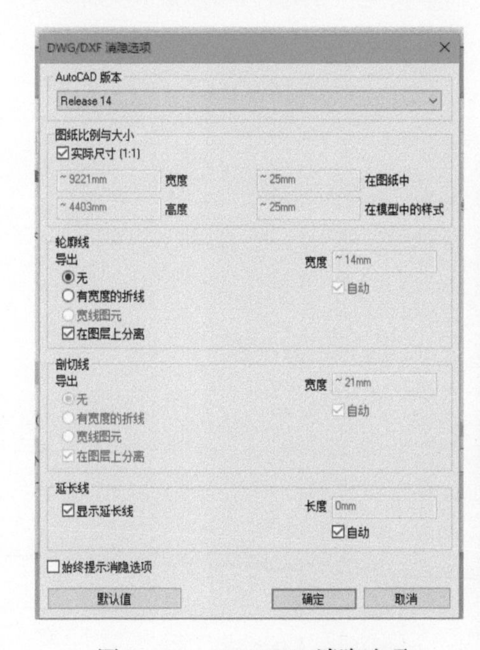

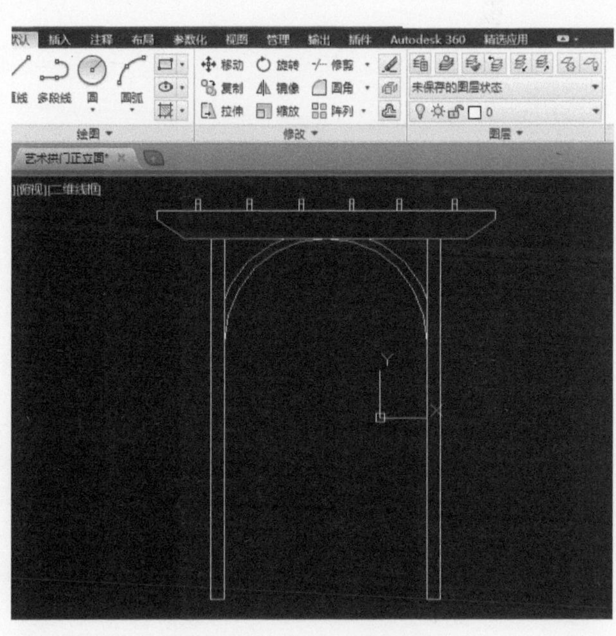

图 3–188 DWG/DXF 消隐选项

图 3–189 AutoCAD 格式图

3.10.2 二维图像的导入与导出

（1）导入二维图像

1）执行“文件”→“导入”菜单命令，则弹出“导入”对话框，选择类型为“JPEG 图像

（*.jpg）”格式，如图 3–190 所示，则会出现相应图片文件，然后选中“图像”单选按钮，如图 3–191 所示。

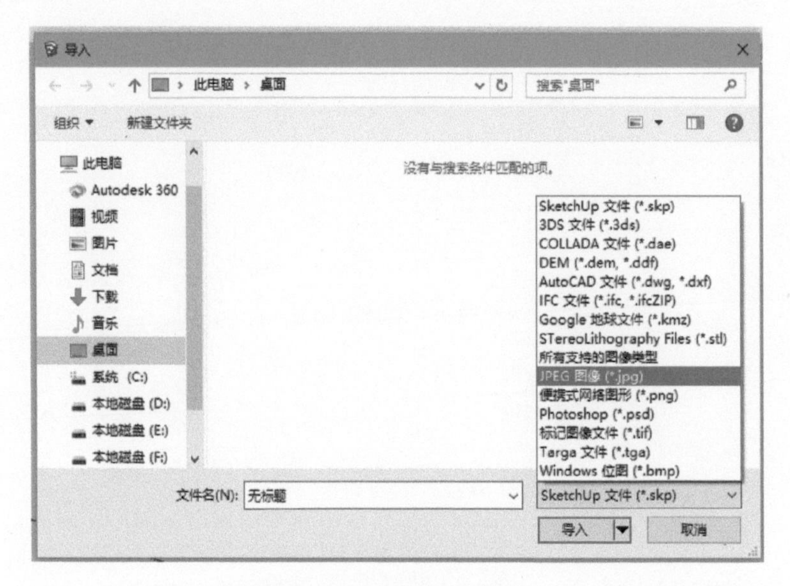

图 3–190　选择导入类型

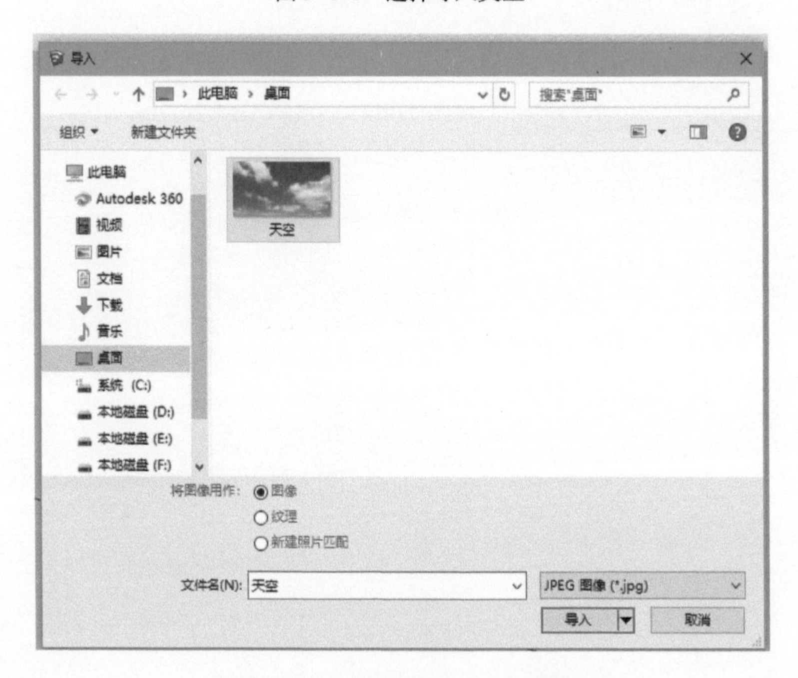

图 3–191　选择“图像”单选按钮

2）选择需要导入的图片对象，单击“导入”按钮，单击鼠标左键指定插入图片原点，再移动鼠标确定图片大小后，单击鼠标左键，即可将图片导入。

（2）导出二维图像

1）打开案例素材文件“导出图片 .skp”，如图 3–192 所示。

2）执行“文件”→“导出”→“二维图形”菜单命令，如图 3–193 所示，弹出“输出二维图形”对话框，如图 3–194 所示，选择输出图片类型，如“标签图像文件（*.tif）”，如图 3–195 所示。

图 3-192 导出图片素材

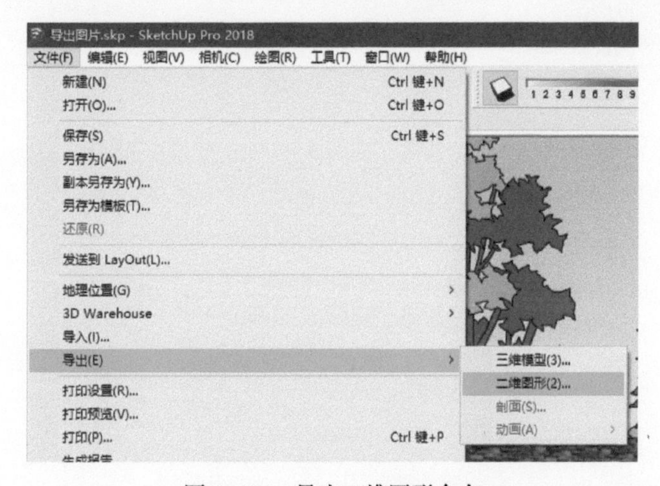

图 3-193 导出二维图形命令

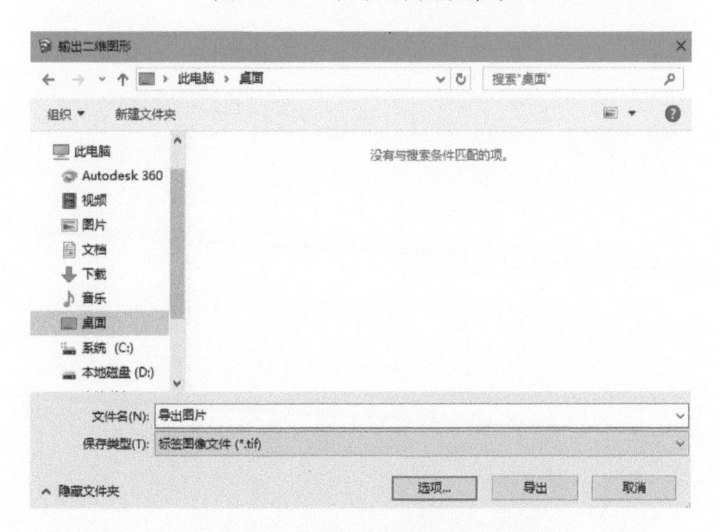

图 3-194 "输出二维图形"对话框

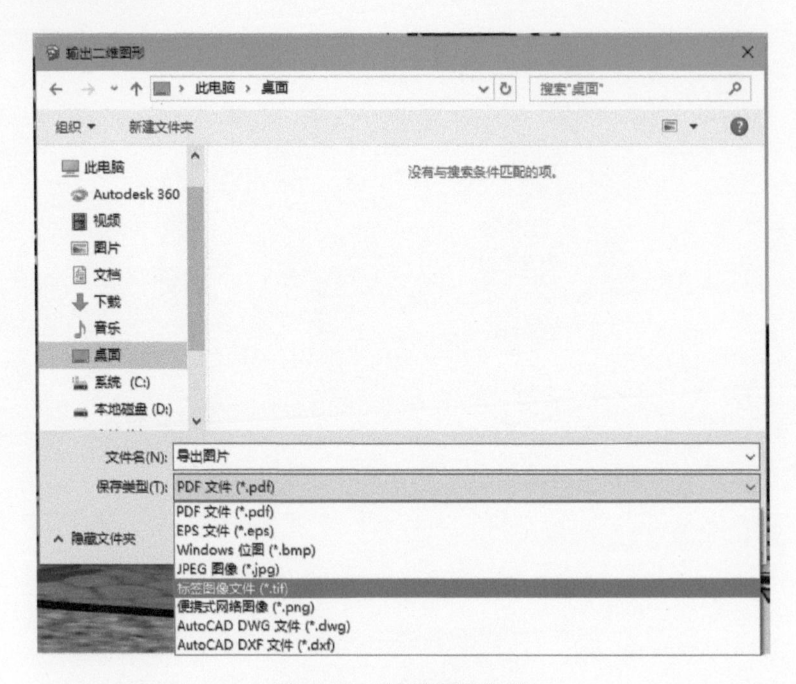

图 3–195　选择图片类型

3）单击“选项”按钮，在弹出的“扩展导出图像选项”对话框中，设置“图像大小”，勾选“渲染”选项下的“消除锯齿”复选框，如图 3–196 所示，然后单击“确定”按钮。

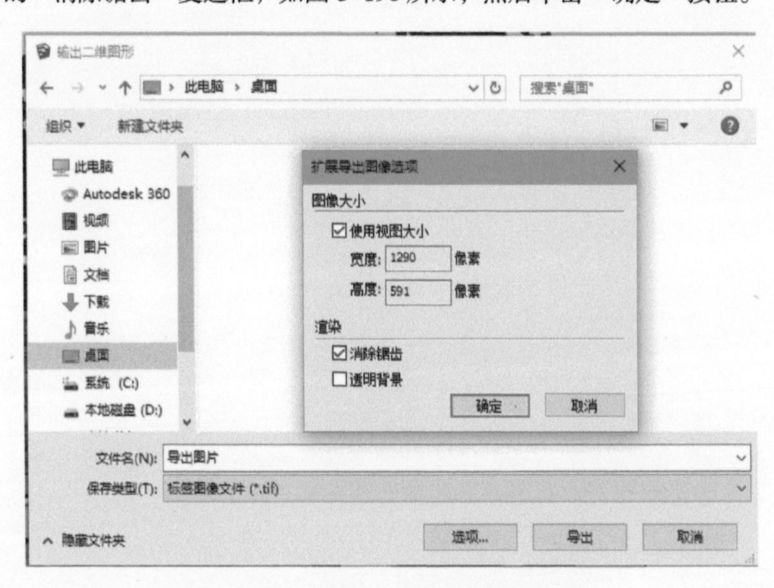

图 3–196　“扩展导出图像选项”对话框

4）最后单击“导出”按钮，即可将二维图片输出，如图 3–197 所示。

5）如需导出不包含背景信息的图片，则在导出图片之前，首先调出“风格”面板，单击“编辑”选项下的“背景”栏，取消“天空”和“地面”复选框，如图 3–198 所示，在执行导出图像命令时，选择导出图片格式为“标签图像文件（*.tif）”，在“扩展导出图像选项”对话框中，勾选“渲染”选项下的“透明背景”复选框，如图 3–199 所示，即可导出不含背景信息的图片，如图 3–200 所示。

图 3-197　导出的图片

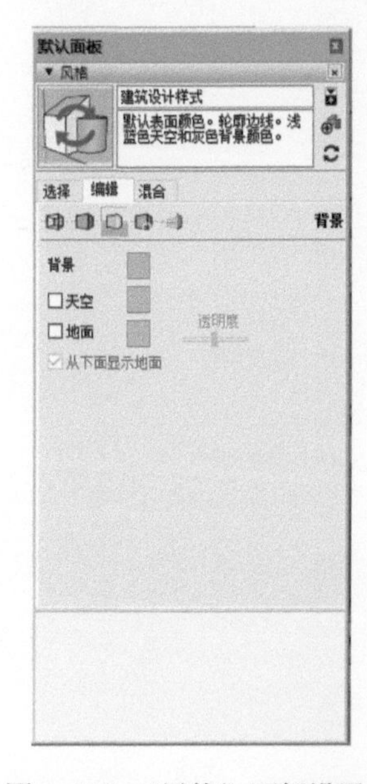

图 3-198　“风格”面板设置

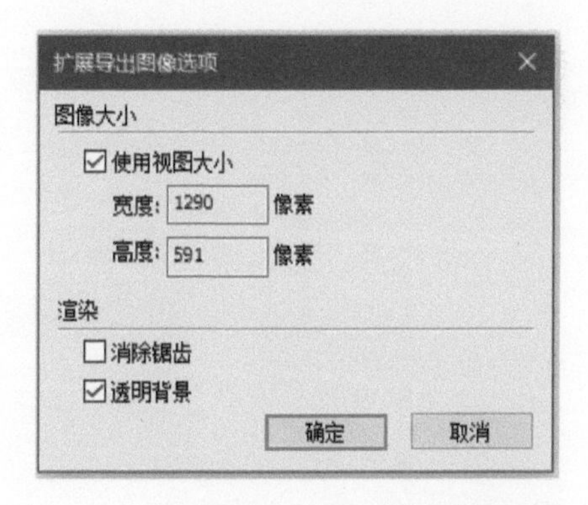

图 3-199　勾选“透明背景”选项

图 3-200　无背景信息的图片

第4章

综合案例实战

4.1 别墅庭院一角景观

4.1.1 整理 CAD 图纸及优化 SketchUp 场景

1）打开“庭院一角”CAD 图，只保留 SketchUp 建模所需图线，其余部分全部删除，如图 4–1 所示。

2）打开 SketchUp 2018，执行“窗口”→“模型信息”菜单命令，在弹出的“模型信息”对话框中选择“单位”，将场景单位设置为“mm”，如图 4–2 所示。

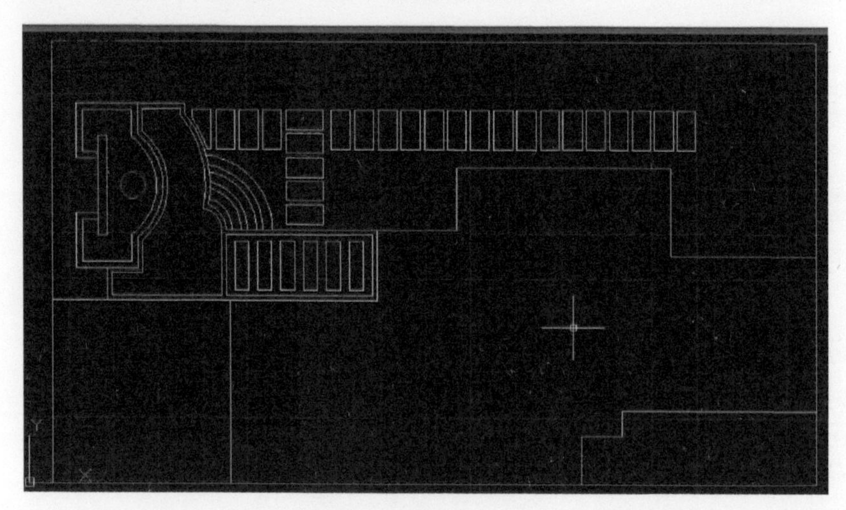

图 4–1 整理 CAD 图纸

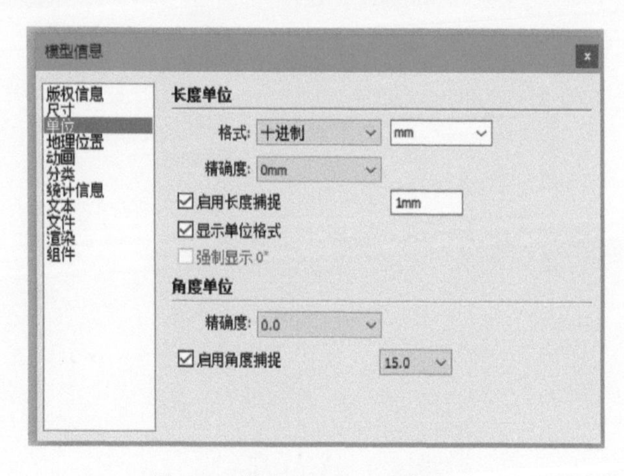

图 4–2 设置 SketchUp 场景单位

4.1.2 导入 CAD 图并封面

1）执行“文件”→“导入”菜单命令，弹出“导入”对话框，设置打开文件类型为“AutoCAD 文件（*.dwg，*.dxf），单击“选项”按钮，如图 4-3 所示，在弹出的“导入 AutoCAD DWG/DXF 选项”对话框，勾选“合并共面平面”和“平面方向一致”两个选项，在“单位”下拉列表中选择“毫米”，单击“确定”按钮，选择要导入的“庭院一角 .dwg”CAD 图，如图 4-4 所示，单击“导入”按钮，将“庭院一角 .dwg”CAD 图导入，如图 4-5 所示。

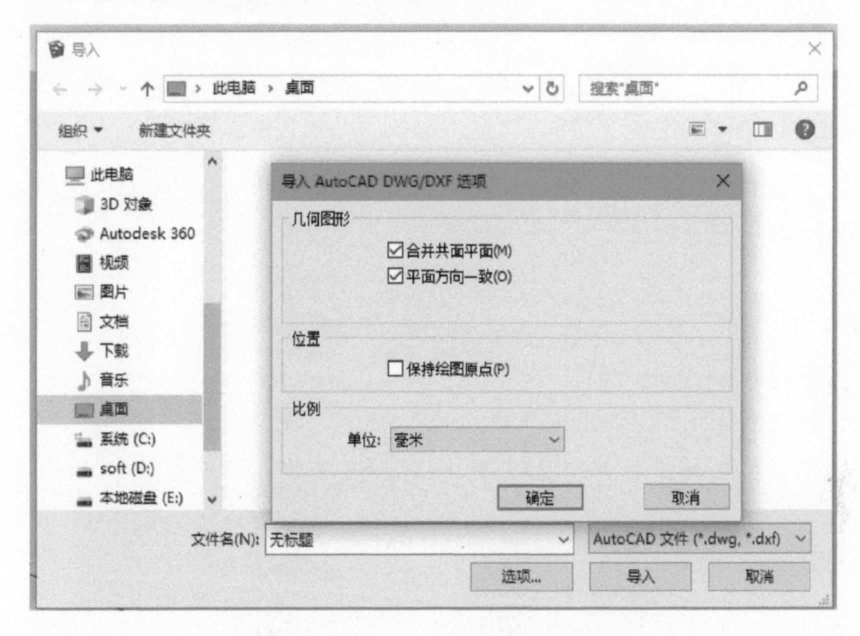

图 4-3 导入 AutoCAD DWG/DXF 选项

图 4-4 选择 CAD 图

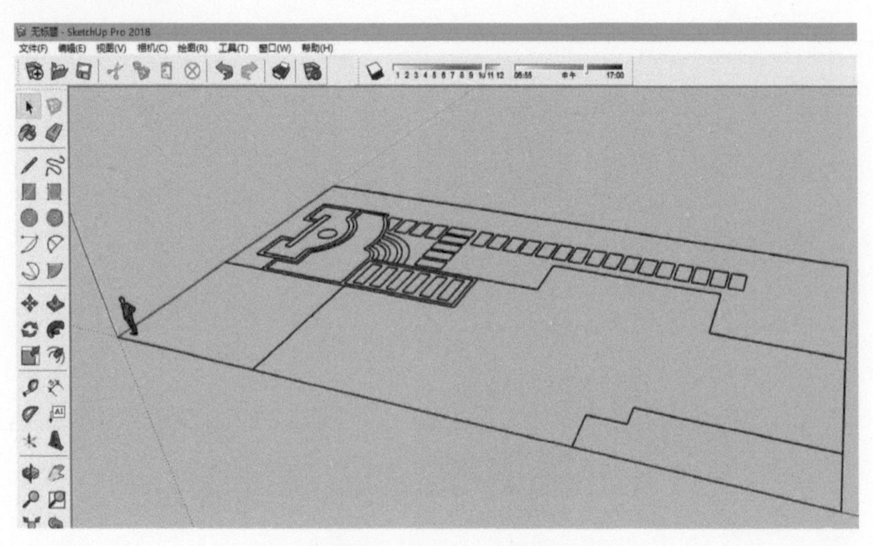

图 4–5　导入 CAD 图

2）使用直线、矩形、圆弧等工具，将导入的 CAD 图线全部封面，且将每个封好的面按类别转化为“群组”，如图 4–6 所示。

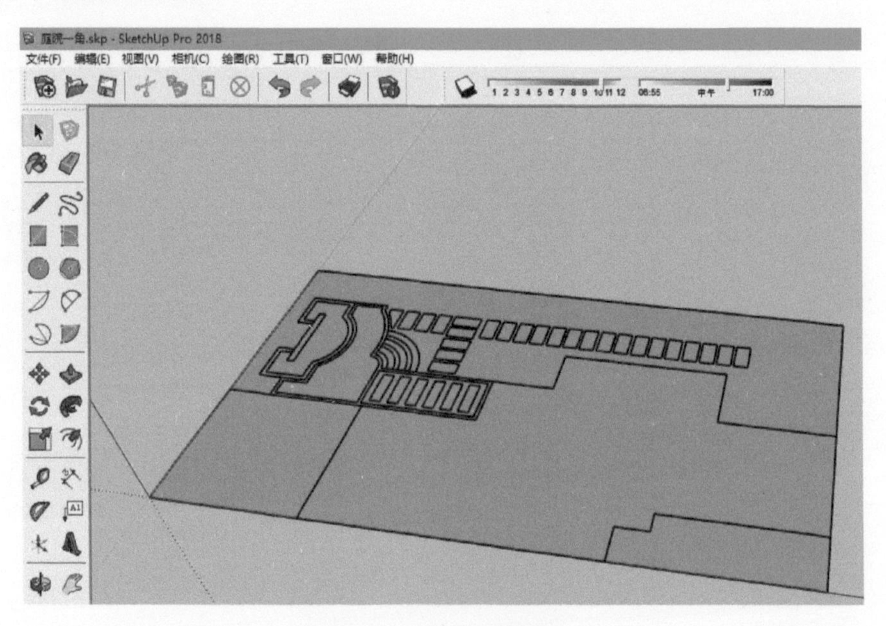

图 4–6　封面并创建群组

4.1.3　创建景墙水池

1）进入景墙群组，使用推拉工具将其向上推拉 2000，如图 4–7 所示。

2）进入水池群组，使用推拉工具向上推拉 300，使用圆弧工具沿水池壁一角上端绘制半径 20 的半圆，选择水池壁上表面，启用“路径跟随”工具，单击半圆形，完成水池壁的制作，如图 4–8 所示，接着将水面群组向上移动 200，如图 4–9 所示。

3）分别为景墙、水池壁和水面赋予文化石、花岗岩以及水面的材质，如图 4–10 所示。

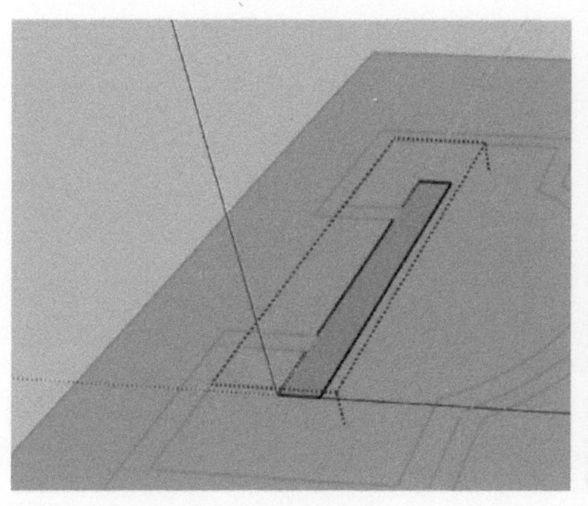
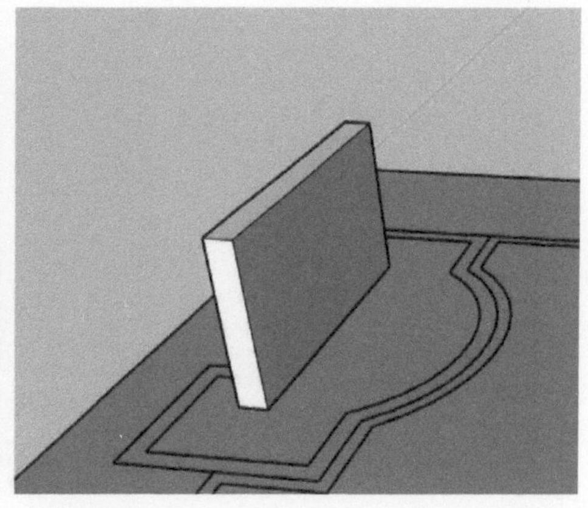

图 4–7 创建景墙

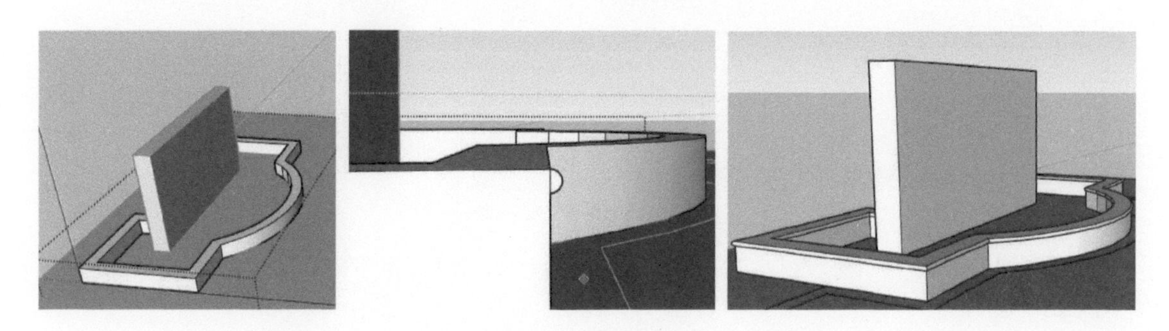

图 4–8 创建水池

图 4–9 调整水面位置

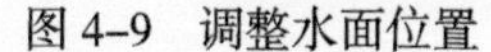

图 4–10 赋予材质

4.1.4 创建地面铺装及草地

1）使用推拉工具，将场景中汀步、平台、道路等地面铺装向上推拉 30，使用矩形工具沿着庭院草地区域绘制矩形并创建为群组，如图 4–11 所示。

2）为入口平台赋予“可耐丽”材质，为水池平台中部赋予“板岩”材质，为平台围边和平台连接赋予“黑花岗岩”材质，为汀步赋予“花岗岩”材质，为入户道路赋予“石子”和“豆石”材质，同时为草地群组赋予草材质，启用“阴影”，使材质效果更有立体感，如图 4–12 所示。

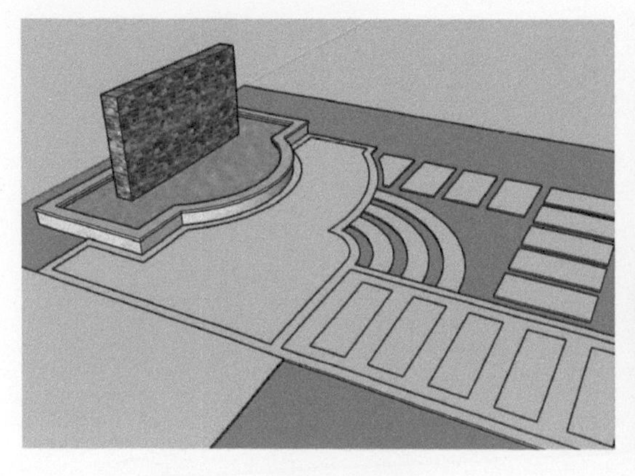

图 4–11　推拉地面铺装

图 4–12　为地面铺装和草地赋予材质

4.1.5　添加围墙

1）执行“文件”→“导入”菜单命令，导入“围墙单元.skp”，如图 4–13 所示。

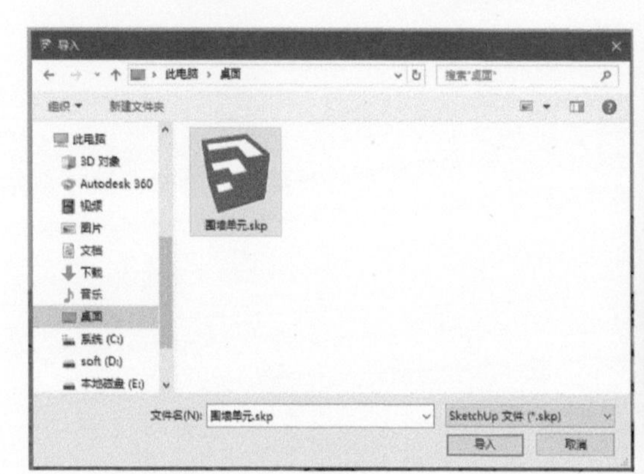

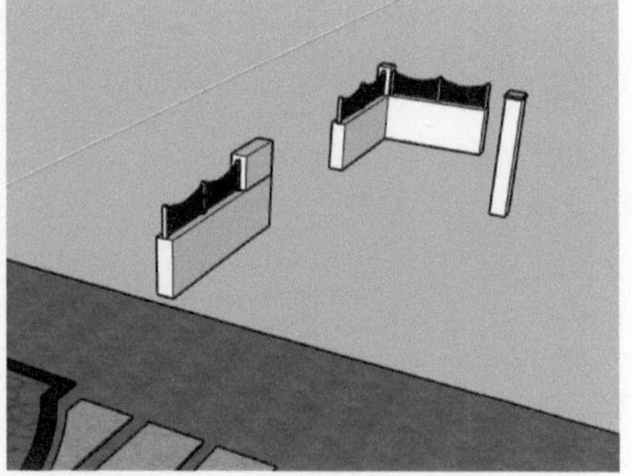

图 4–13　导入围墙单元

2）沿着草地边缘布置围墙，组合、调整围墙单元使其适应草地边缘，如图 4–14 所示。

图 4–14　调整围墙位置

3）为外墙面赋予软件自有“棕褐色粗糙砖块”材质，如图 4-15 所示。

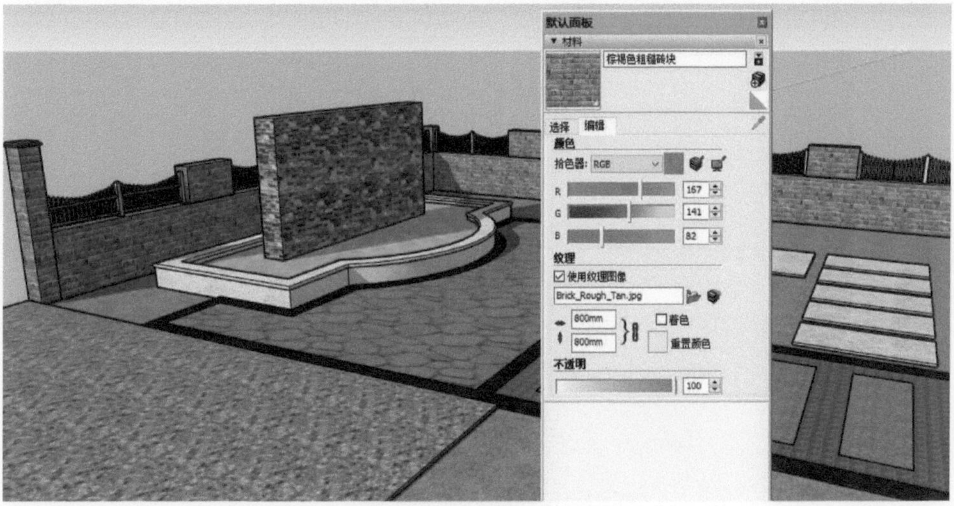

图 4-15　为围墙赋予材质

4.1.6　添加配景

导入植物、人物、喷泉等配景，调整视角，启用“相机”→“两点透视”菜单命令，将场景调整为两点透视图，如图 4-16 所示。

图 4-16　调整场景视图

4.1.7　导出图片

1）调出“风格”面板，单击“编辑”→“边线设置”，除“边线”复选框之外，别的均不选。接着单击“背景”选项卡，取消“天空”和“地面”复选框，如图 4-17 所示。

2）执行“文件”→“导出”→“二维图形”菜单命令，在弹出的“导出二维图形”对话框中设置输出图片格式为“tif”，单击“选项”按钮，弹出“扩展导出图像选项”对话框，设置“图像大小”，勾选“渲染”栏下的“消除锯齿”和“透明背景”，如图 4–18 所示，然后单击“确定”和“导出”，则导出无背景的 tif 格式图片，如图 4–19 所示。

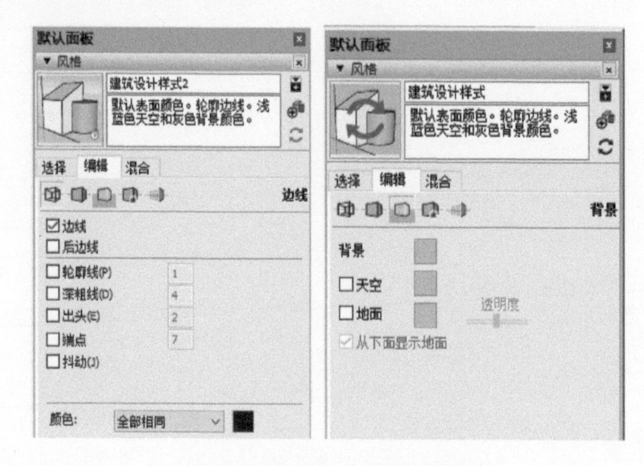

图 4–17　设置“风格”面板

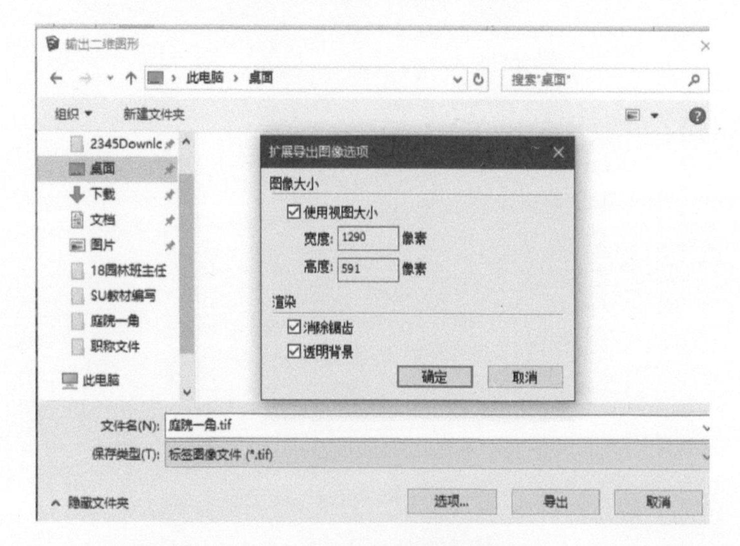

图 4–18　设置图像选项

图 4–19　无背景信息图片

4.1.8 后期处理

1）在 PhotoShop 中为导出的图片添加“背景”图片，选择背景图层，执行“滤镜”→“艺术效果”→“干画笔”菜单命令，调整背景艺术效果，如图 4–20 所示，添加“色彩平衡”调整图层，调整整体色调，如图 4–21 所示。

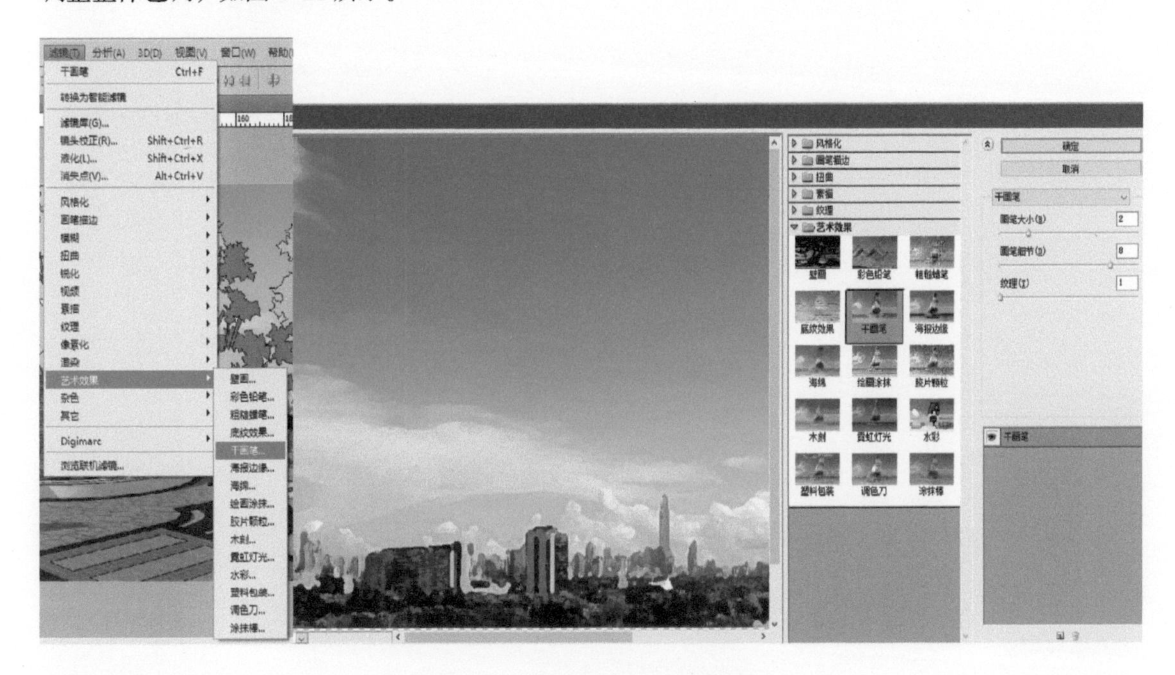

图 4–20　调整背景图片艺术效果

图 4–21　添加调整图层

2）另存为所需要的图片格式，则完成“庭院一角”效果图制作，如图 4–22 所示。

图 4–22 “庭院一角”效果图

4.2 居住区公园

4.2.1 整理 CAD 图纸及优化 SketchUp 场景

1）打开“居住区公园”CAD 图，只保留 SketchUp 建模所需图线，其余部分全部删除，如图 4–23 所示。

2）打开 SketchUp 2018，执行“窗口”→“模型信息”菜单命令，在弹出的“模型信息”对话框中选择“单位”，将场景单位设置为“mm”，如图 4–24 所示。

图 4–23 整理 CAD 图纸

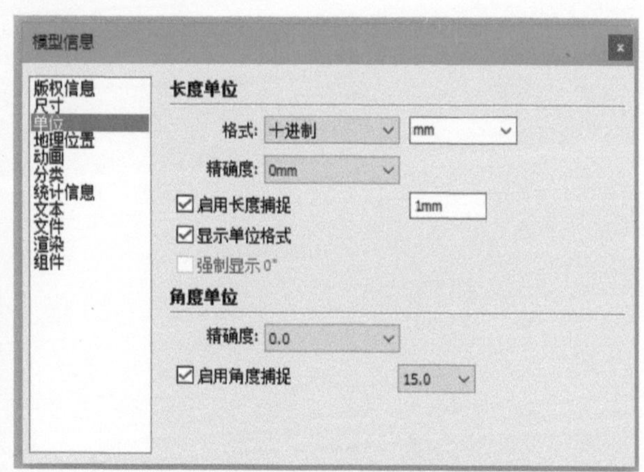

图 4–24 设置 SketchUp 场景单位

4.2.2 导入 CAD 图并封面

1）执行“文件”→“导入”菜单命令，将“居住区公园”CAD 图导入（具体操作方法，同 4.1.2

节），如图 4–25 所示。

2）使用直线、矩形、圆弧等工具，将导入的 CAD 线全部封面，且将每个封好的面按不同类别，分别创建“群组”，如图 4–26 所示。

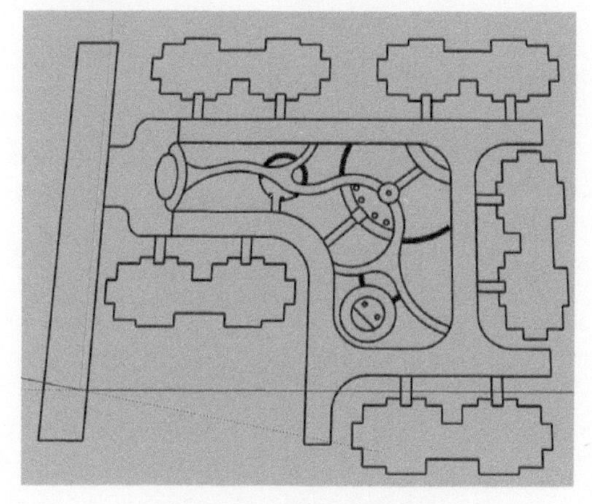

图 4–25　导入 CAD 图

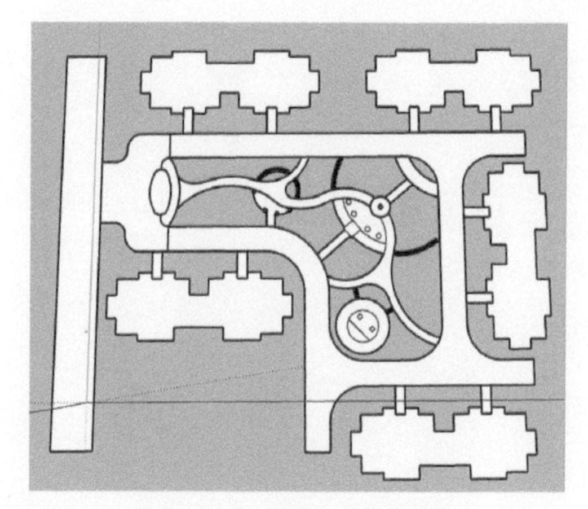

图 4–26　封面并创建群组

4.2.3　创建地面铺装

1）进入主干道群组内部，使用推拉工具向上推拉 100，如图 4–27 所示，为其赋予灰色（R102，G102，B102）材质，如图 4–28 所示。

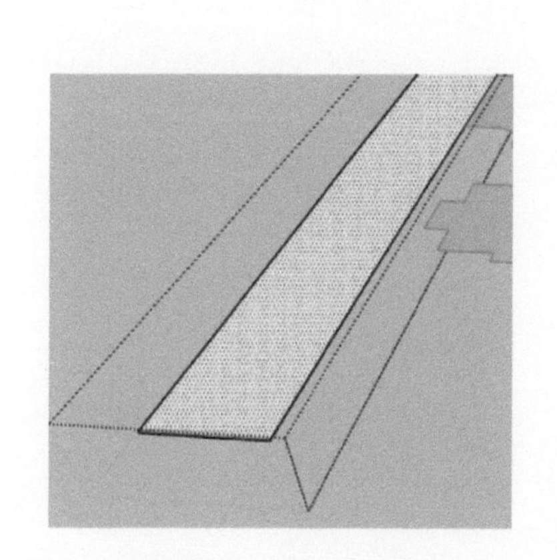

图 4–27　推拉主干道

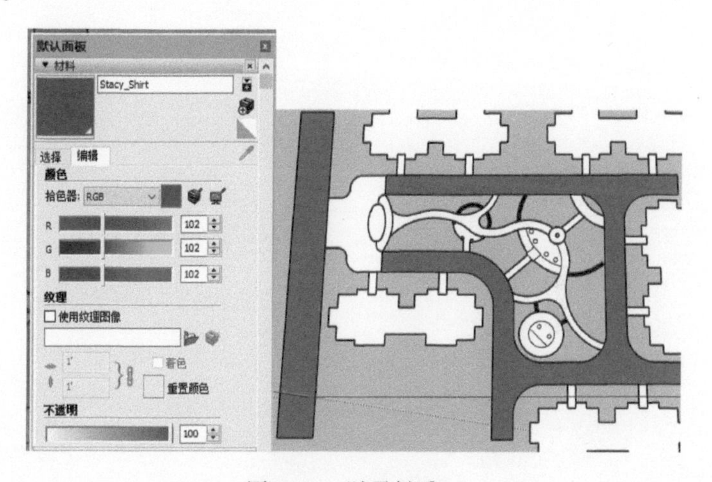

图 4–28　赋予材质

2）进入入口广场群组，使用推拉工具将平台向上推拉 100，如图 4–29 所示，使用偏移工具将平台上表面向内偏移 200，制作出平台围边，如图 4–30 所示，使用直线、移动、复制等命令，以平台右上角为起始点，绘制 2700×2700 方格，方格间距 300，如图 4–31 所示。依次为广场地面赋予灰色瓷砖、白色瓷砖以及灰色碎拼石材质，平台围边赋予灰色（R102，G102，B102）材质，如图 4–32 所示。

3）进入公园中心道路群组，使用推拉工具向上推拉 100，使用偏移工具将道路上表面向内偏移 200，制作出道路围边，如图 4–33 所示，使用直线工具，在道路表面绘制出铺装间隔，如图 4–34 所示。依次为道路表面赋予黄色文化石板、褐色砖、木平台材质，铺装间隔指定石板材质，道路围边指定灰色（R102，G102，B102）材质，如图 4–35 所示。

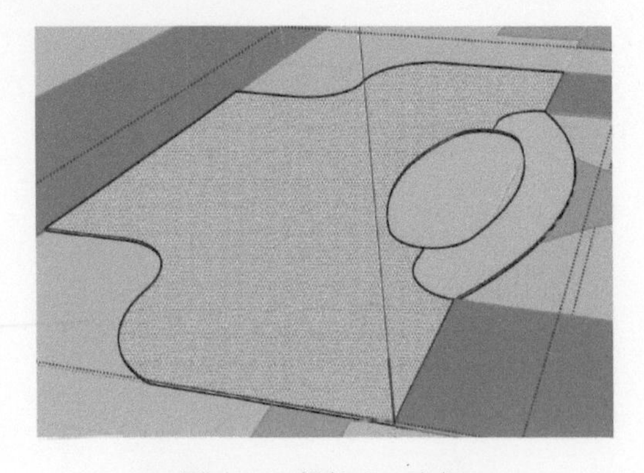

图 4-29　推拉入口广场

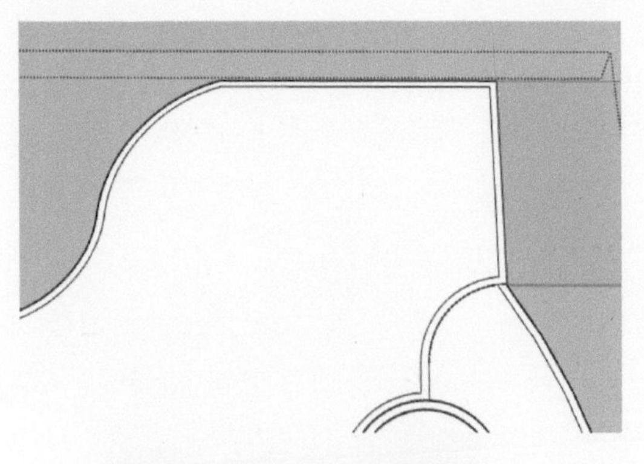

图 4-30　制作入口广场围边

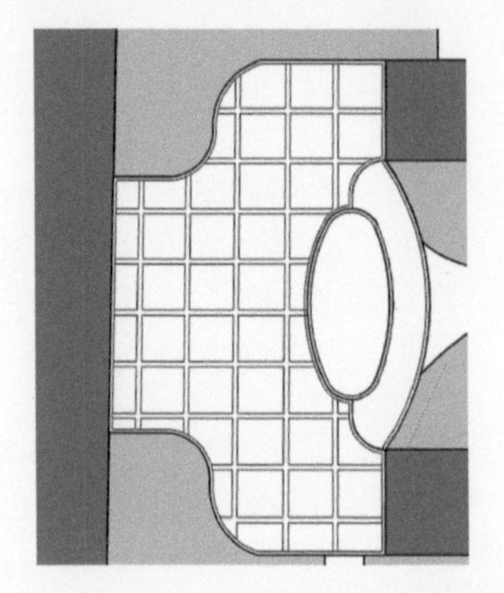

图 4-31　入口广场铺装平面

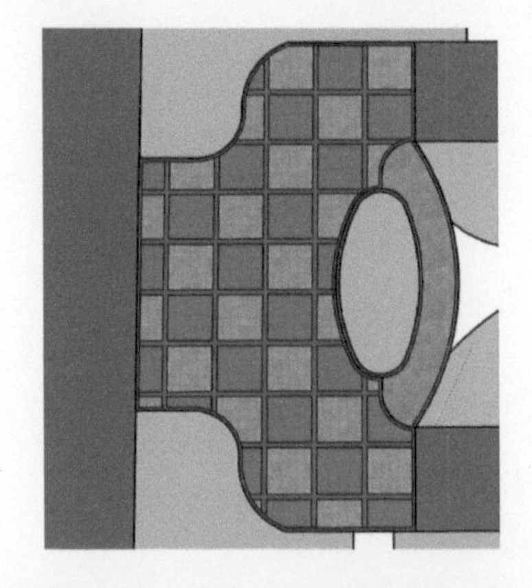

图 4-32　赋予入口广场地面材质

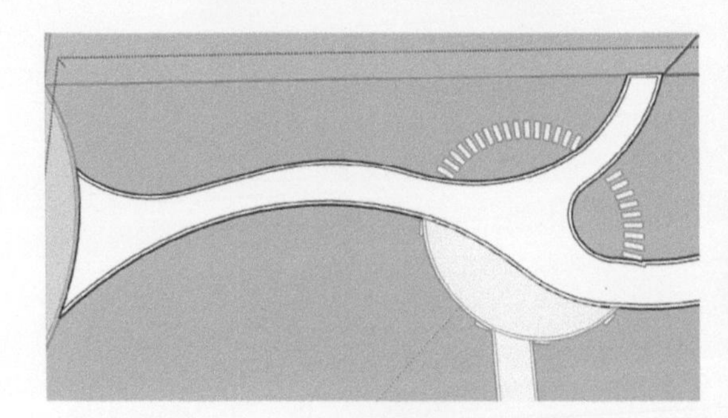

图 4-33　推拉和偏移中心道路

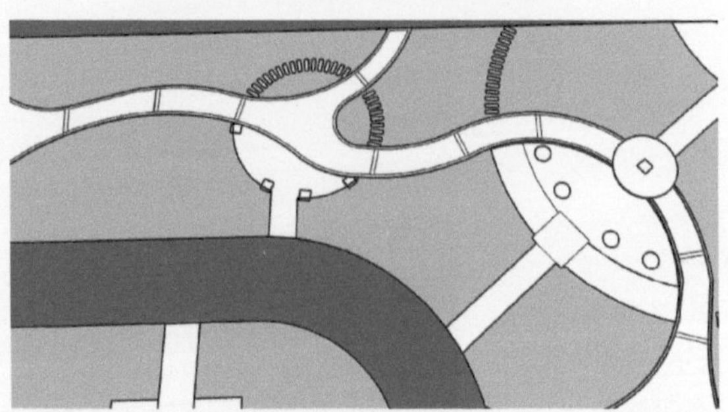

图 4-34　中心道路间隔

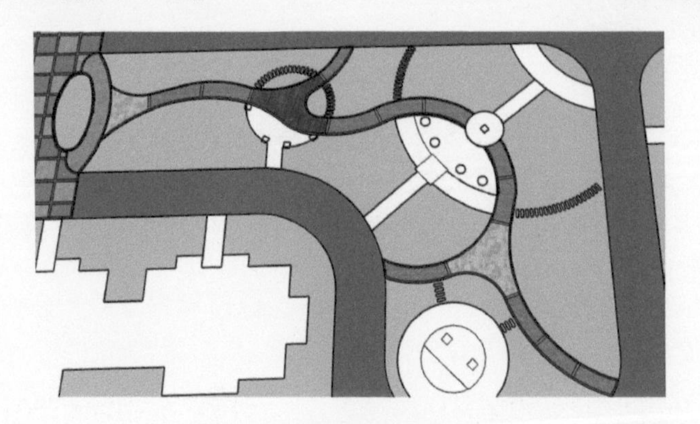

图 4-35　赋予中心道路材质

4）进入公园中间区域的树阵广场和活动广场及其相连接的道路群组，使用推拉工具向上推拉 100，接着使用偏移工具将上表面向内偏移 200，结合直接等工具做出道路围边，依次为道路赋予黄色文化石板、灰色瓷砖、木平台材质，围边指定灰色材质，如图 4–36 和图 4–37 所示。

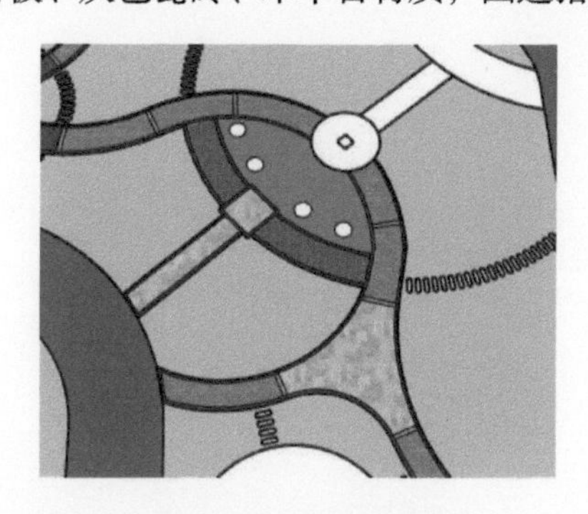
图 4–36 树阵广场

图 4–37 活动广场

5）进入公园右上角入口道路群组，用推拉工具向上推拉 100，使用偏移等工具，制作宽度 200 的围边，依次为道路赋予黄色文化石板、黄色碎拼石材质，围边指定灰色材质，如图 4–38 所示。

6）进入公园右上雕塑平台群组，用推拉工具向上推拉 100，使用偏移工具，将表面依次向内偏移 200、1000、120，从外到内为平台赋予灰色、黄色碎拼石，灰色、黄色文化石材质，如图 4–39 所示。

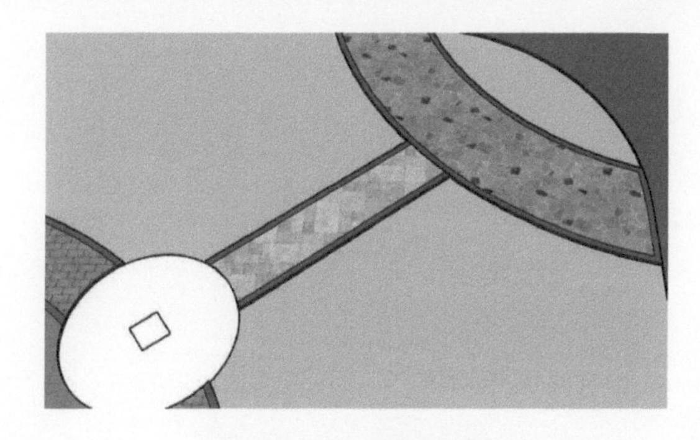
图 4–38 右上角入口

图 4–39 雕塑平台

7）进入右下角花架平台，使用推拉工具向上推拉 100，使用偏移工具，将表面最外侧圆依次向内偏移 200、2300，使用复制工具将圆内直线向外复制 200、1100、200，并使用直线工具将复制出的直线延伸到内圆编辑，如图 4–40 所示，分别为平台相应区域赋予黄色文化石、红色瓷砖、木平台材质，围边指定灰色材质，如图 4–41 所示。

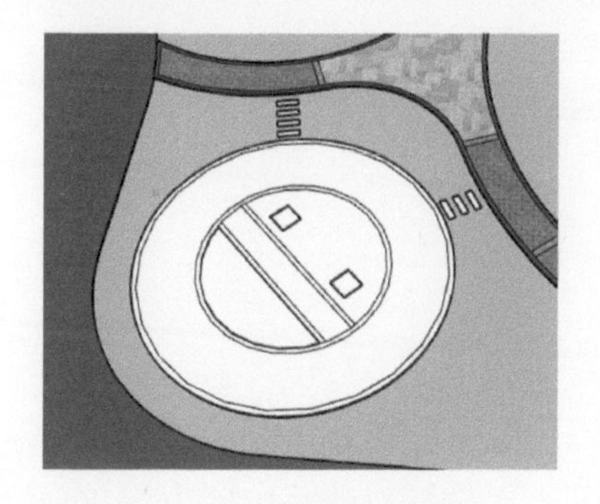
图 4–40 花架平台模型

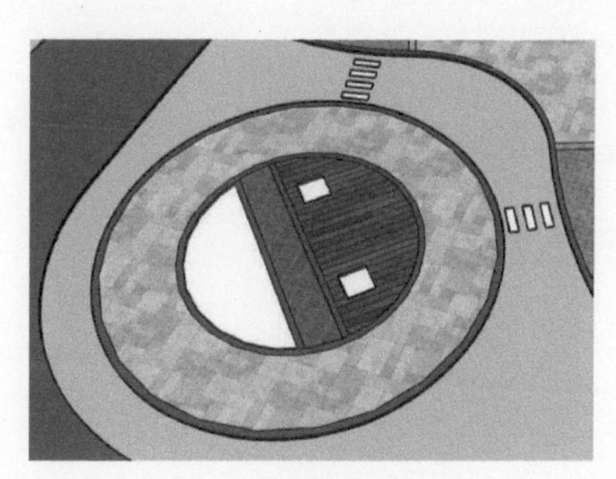
图 4–41 花架平台材质

8）进入公园汀步群组，使用推拉工具向上推拉 100，为其赋予石材材质。进入公园主干道与建筑相连接的入户道路，向上推拉 100，然后使用偏移工具将上表面向内偏移 200 制作出围边，为内表面和围边分别赋予黄色文化石和灰色材质，如图 4–42 所示。

9）使用矩形工具绘制长宽均略超出公园区域的长方形，创建为群组，并为其赋予草地材质，如图 4–43 所示。

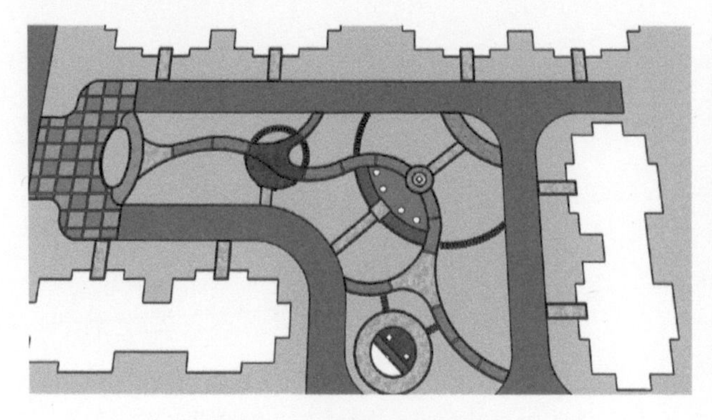

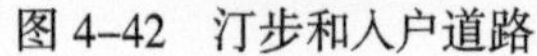

图 4–42　汀步和入户道路

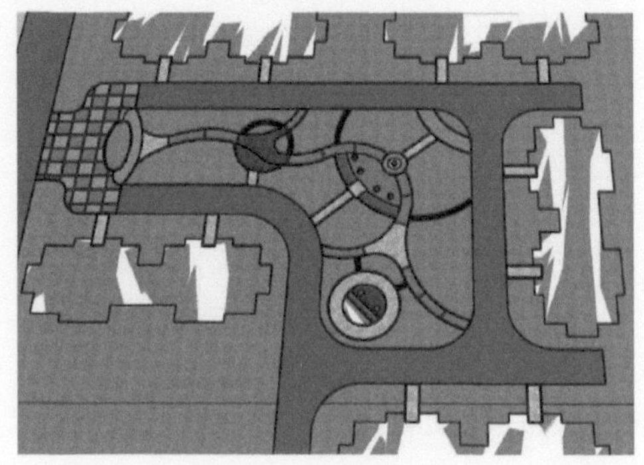

图 4–43　创建草地

4.2.4　创建建筑与小品

1）进入建筑群组，使用推拉工具向上推拉 20000，为其指定 SketchUp 自带 H06 色，不透明度调整为 40，如图 4–44 所示。

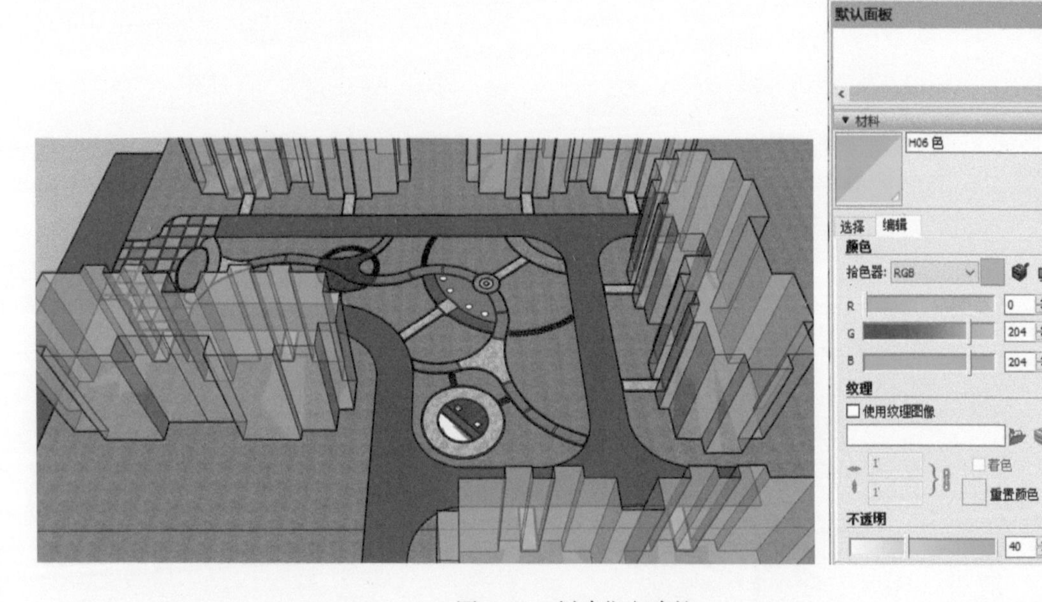

图 4–44　创建住宅建筑

2）进入公园中部区域的树阵广场圆形树池群组，使用偏移工具向内偏移 150，将偏移出的区域向上推拉 200，并为其赋予石材材质，中间多余区域删除，如图 4–45 所示，使用同样的方法制作出另外 3 个树池，如图 4–46 所示。

图 4–45　单个树池

图 4–46　全部树池

3）进入雕塑基座群组，使用推拉工具向上推拉 100，选择上表面使用偏移工具往内偏移 100，选择内部区域向上推拉 200，上表面向内偏移 100，再向上推拉 150，如图 4–47 所示，最后为其赋予石材材质，如图 4–48 所示。

图 4–47　雕塑基座建模

图 4–48　雕塑基座材质

4）进入右下角花架广场树池群组，使用偏移工具向内偏移 200 制作出树池宽度，选择宽度区域，使用推拉工具向上推拉 380，接着选择上表面，使用偏移工具向外侧偏移 50，选择全面上表面，使用推拉工具向上推拉 50，分别为树池压顶和树池壁赋予木板和黄色文化石材质，如图 4–49 所示，同样的方法制作另一个树池。选择平台绿篱部分，使用推拉工具向上推拉 350，并为其赋予黄色植被材质，如图 4–50 所示。

图 4–49　花架广场树池

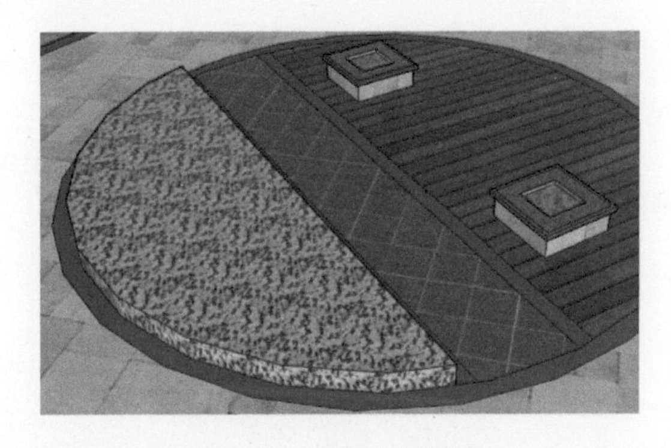

图 4–50　花架广场绿篱

5）进入活动广场花池群组，首先向内偏移 120，偏移出的区域向上推拉 600，选择上表面向外偏移 60，再将全部上表面向上推拉 70，选择内部植物区域向上推拉 880，为花池压顶赋予木板材质、为绿篱赋予黄色植被材质、为花池壁赋予红色文化石材质，如图 4–51 所示，将制作好的花池模型复制到另外 3 个位置，并调整方向，如图 4–52 所示。

图 4–51　单个活动广场树池

图 4–52　全部活动广场树池

6）进入活动广场条凳群组，向上推拉 550，并为其赋予石材材质，如图 4–53 所示。

图 4–53　活动广场条凳

4.2.5　导入园林构件和园林小品

分别导入并调整入口景石、儿童活动器械、亭连花架、景墙水池、创意雕塑以及单边花架等园林构件和小品，如图 4–54 所示。

图 4–54　导入园林构件和小品

4.2.6 导入配景

导入植物、人物、汽车等配景，注意色彩、大小、数量、位置等，如图 4–55 所示。

图 4–55 导入配景

4.2.7 调整阴影与风格效果

1）调出“阴影”面板，调整阴影时间、日期等参数，如图 4–56 所示。

2）调出“风格”面板，进入“编辑”选项下的“边线设置”栏，除“边线”复选框勾选外，其余均不选，如图 4–57 所示。

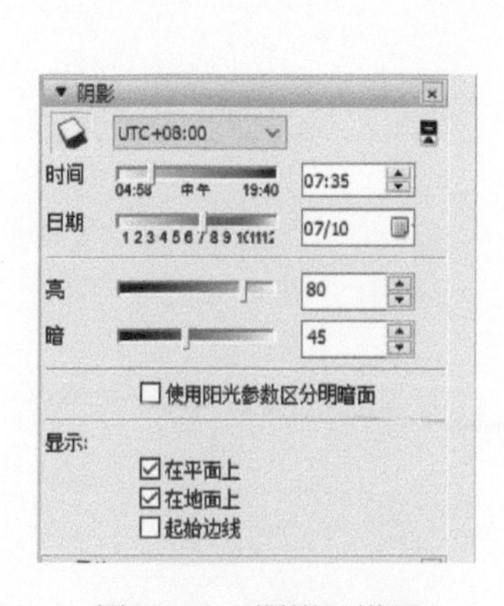

图 4–56 “阴影”设置

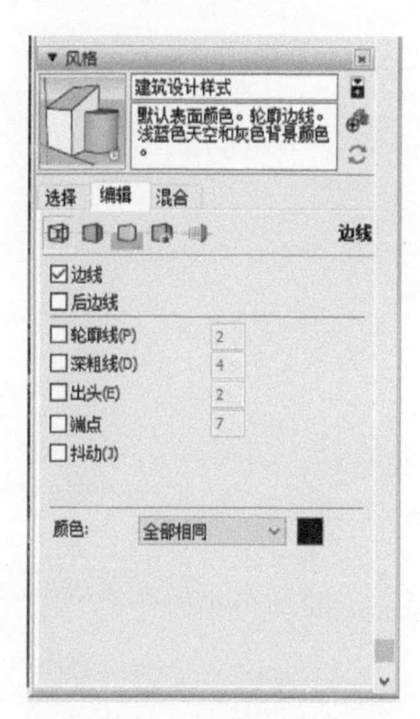

图 4–57 “风格”设置

4.2.8 创建场景并导出图片

1）选择公园的 4 个主要景点和鸟瞰位置，分别执行“相机”→“两点透视”，将场景调整为两点透视，如图 4–58 所示，接着执行“视图”→“动画”→“添加场景”菜单命令，添加新场景，如图 4–59 所示。

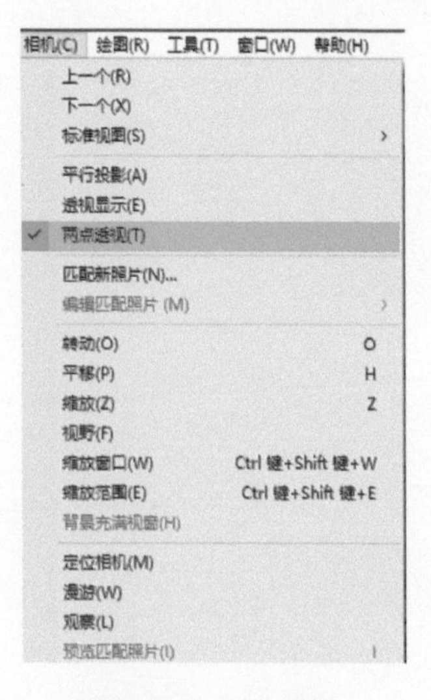

图 4–58　两点透视

图 4–59　添加场景

2）执行“文件”→“导出”→“二维图形”菜单命令，将 4 个局部效果图和鸟瞰图分别导出为图片，如图 4–60 ~ 图 4–64 所示。

图 4–60　入口广场

图 4–61　活动广场

图 4-62　景墙水池

图 4-63　花架广场

图 4-64　公园鸟瞰

参考文献

[1] 徐峰 . SketchUp 辅助园林制图 [M]. 北京：化学工业出版社，2014.
[2] 张莉萌 . SketchUp+VRay 设计师实战 [M]. 北京：清华大学出版社，2015.
[3] 李波 . SketchUp 2014 草图大师从入门到精通 [M]. 北京：电子工业出版社，2016.
[4] 邵李理，金鑫，仝婷婷 . SketchUp 2016 辅助园林景观设计 [M] . 重庆：重庆大学出版社，2018.